Madeiras Flora

Die 200 schönsten Pflanzenarten auf der »Blumeninsel« im Atlantik

Mit botanischen Spaziergängen und leichten Wanderungen

Rolf Goetz

ROTHER BERGVERLAG

Inhaltsverzeichnis

Einführung

Naturraum und Klima

Der Madeira-Archipel liegt rund 900 km südwestlich vom portugiesischen Mutterland entfernt; zur marokkanischen Küste sind es etwa 500 km, zu den Kanarischen Inseln 400 km. Neben der Hauptinsel Madeira (736 km², 251.000 Einwohner) gehören die kleine Schwesterinsel Porto Santo (42 km², 5000 Einwohner) und die beiden unbewohnten felsigen Inselgruppen Ilhas Desertas und Ilhas Selvagens zum Archipel.

Das Inselinnere wird von einem alpin anmutenden Gebirgszug dominiert, dessen Steilwände teils schroff zum Meer abfallen. Die höchste Erhebung ist mit 1862 m der Pico Ruivo. Natürliche Strände gibt es auf Madeira nur wenige. Einige Sandstrände wurden in den letzten Jahrzehnten künstlich angelegt, ansonsten sorgen der Felsenküste abgerungene Meeresschwimmbäder für Badespaß. Am Fuß der Steilküste entstanden durch Felssturz oder Erdrutsch etliche Schuttterrassen, sogenannte Fajãs. Auf manchen von diesen ist Raum für Siedlungen (z. B. Paul do Mar und Jardim do Mar), auf anderen werden etwas Wein und exotische Früchte kultiviert. Während die Süd- und Ostküste stark zersiedelt wirkt und von Schnellstraßen und Autobahnen durchschnitten wird, zeigt sich der Norden vielerorts relativ ursprünglich. Das Hochland von Paul da Serra und die wasserreiche Region um Rabaçal sind so gut wie unbewohnt.

Auf Madeira herrscht ein subtropisches Klima mit ganzjährig milden Temperaturen. Im Sommer ist es lange nicht so heiß wie auf dem portugiesischen Festland oder am Mittelmeer, in den Wintermonaten liegen die durchschnittlichen Tagestemperaturen nur wenig unter 20 Grad. Das Klima ist das ganze Jahr über sehr ausgeglichen, an der Küste schwanken die Temperaturen zwischen Sommer und Winter nur um wenige Grad. Wetterbestimmend ist der Nordostpassat. Er führt beständig feuchte Luftmassen mit sich und sorgt vor allem auf der Nordseite der Insel für Wolkenbildungen und ausgiebige Niederschläge. An der Südküste zwischen Funchal und Calheta ist es dagegen trockener und meist sonnig. Im Hochgebirge kann es im Winter gelegentlich schneien.

Während der Hauptteil der Insel dank der Niederschläge im Bergland und einem ausgeklügelten Bewässerungssystem fast das ganze Jahr von einem immergrünen Vegetationskleid überzogen wird, zeigt sich die Ponta de São Lourenço im äußersten Osten meist karg. Auf dem felsigen Ausläufer des Zentralmassivs konnte sich lediglich eine bis auf das Frühjahr meist trockene kniehohe Strauchvegetation ansiedeln.

An der Levada do Rei.

Der Gemeindeort Boaventura über der Nordküste.

Makaronesische Flora

Madeira ist ein Teil von Makaronesien (griech.: Inseln der Glückseligen), einem geobotanischen Raum, zu dem auch die Inseln der Azoren, Kanaren und Kapverden gehören. Der Begriff wurde von dem englischen Botaniker Philip Barker Webb (1793–1854) geprägt, der u. a. auf den Kanaren botanisierte und etliche Erstbeschreibungen veröffentlichte.

Trotz der nicht unbeträchtlichen Entfernung von einem Archipel zum anderen – zwischen den Azoren im Norden Makaronesiens und den Kapverden im Süden liegen etwa 2400 km – haben die Inselgruppen erstaunlich viele Gemeinsamkeiten: Sie haben nicht nur einen vulkanischen Ursprung, sondern beherbergen auch eine ähnliche Flora und Fauna. Auf allen Inseln gibt es viele Endemiten. Die Flora Madeiras kann mit zahlreichen Arten aufwarten, die ausschließlich auf der »Blumeninsel« zu sehen sind. Pflanzen, die ausschließlich auf Madeira, den Azoren, Kanaren und Kapverden vorkommen, werden als makaronesische Endemiten bezeichnet. Von den rund 1350 Samen- und Blütenpflanzen Madeiras sind rund 195 endemisch. Etwa 125 davon entfallen auf den Madeira-Archipel, ca. 70 sind makaronesische Endemiten. Dazu gehören ausgesprochen interessante Arten, angefangen von sukkulenten Aeonien *(Aeonium* sp.*)* und prächtigen Natternköpfen *(Echium* sp.*)* bis hin zu den dekorativen Glockenblumengewächsen der Gattung *Musschia*.

Ausschlaggebend für die vergleichsweise hohe Zahl an Endemiten sind neben der geografischen Randlage des Archipels und dem Umstand, dass von der Insel nie eine Landverbindung zum europäischen oder afrikanischen Kontinent bestand, auch die besonderen klimatischen Bedingungen. Durch die Eiszeit kam es in Europa zu Klimaverschiebungen, von denen Madeira ebenso wie die anderen makaronesischen Inseln aufgrund der abgeschiedenen Lage weitgehend unberührt blieb. Endemiten bilden sich übrigens extrem langsam aus: Bis von der ursprünglichen Pflanze eine im Wuchs oder Aussehen abweichende neue Art oder Unterart entsteht, braucht es mitunter Jahrtausende.

Aus Südamerika eingebürgerte Feuerranken setzen über der Nordküste leuchtende Farbtupfer.

Vegetationszonen

In der Küstenzone (S. 34), vornehmlich im Süden, fällt weitaus weniger Niederschlag als im Bergland. Die Pflanzen sind von daher gut an das dort meist trockenere Milieu angepasst. Zu den Leitpflanzen an der Küste gehört die Fischfang-Wolfsmilch *(Euphorbia piscatoria)* und der Madeira-Ölbaum *(Olea europaea* subsp. *maderensis)*. In Lagen etwa 300 m oberhalb vom Meer (an der Südküste ab 500 m) beginnt der Lorbeerwald (S. 80), der bis auf 1300 m hinaufreichen kann. Neben verschiedenen Lorbeerarten zeichnet sich diese Zone durch eine artenreiche Begleitflora aus – hier sind etliche botanische Aushängeschilder der Madeiraflora zu Hause, etwa das Madeira-Knabenkraut *(Dactylorhiza foliosa)* und der Maiblumenbaum *(Clethra arborea)*. Die Gebirgsflora (S. 124) oberhalb der Lorbeerwaldzone wird von Farnwiesen und Heidebusch dominiert. Besonders auffällig ist hier eine Natternkopfart namens Stolz von Madeira *(Echium candicans)*. Etliche anspruchslose, doch hoch spezialisierte Endemiten, darunter das Madeira-Veilchen *(Viola paradoxa)*, sind bis in die Gipfelzone der höchsten Berge anzutreffen.

Die lokale Flora wird durch Ziergewächse (S. 150) und Gehölze (S. 200) aus aller Welt ergänzt; man begegnet ihnen sozusagen auf Schritt und Tritt, in botanischen Gärten und Parkanlagen ebenso wie in Hotelgärten, auf öffentlichen Plätzen und an Straßenrändern. Nicht zuletzt trug die opulente Zierflora entscheidend dazu bei, aus Madeira eine »Blumeninsel im Atlantik« zu machen.

Levadaflora

Spaziergänge durch die botanischen Gärten und öffentlichen Parks sind der einfachste Weg, Madeiras außergewöhnliche Flora kennenzulernen. Den sicherlich interessantesten Zugang versprechen Levadawanderungen.

Das auf der Welt einzigartige System von Levadas (port. levar = transportieren, in diesem Fall das Wasser) ermöglicht es relativ bequem, immer auf gleichem Höhenniveau bleibend durch

Kulturland zu wandern oder tief ins Innere der urtümlichen Lorbeerwälder vorzudringen. Mit dem Bau der ersten dieser selten mehr als 1 Meter breiten Wasserkanäle wurde bereits im 15. Jahrhundert kurz nach der Besiedlung der Insel durch die Portugiesen begonnen. Man leitete mit den Levadas das Wasser von den ergiebigen Quellen im Hochland auf die mit Zuckerrohr, später mit Weinreben und Bananen kultivierten Terrassen der trockeneren Küstenzone. Heute gibt es ein Levadanetz von insgesamt über 2000 km Länge. Viele Levadawege wurden für den Wandertourismus ausgeschildert und, für nicht ganz schwindelfreie Wanderer nicht unwichtig, mit Zäunen gesichert.

Entlang der Levadawege entfaltete sich eine interessante Mischung aus lokalen und eingewanderten bzw. eingeführten Wild- und Nutzpflanzen. Die oft feuchte Böschung an den Kanälen wird vielerorts von Farnen und Lebermoosen in Beschlag genommen; im Frühjahr erfreuen Orchideen, Storchschnabel- und Hahnenfußgewächse das Auge. Zu Klassikern der Levadaflora avancierten die eingebürgerte Afrikanische Schmucklilie *(Agapanthus praecox)* und die Hortensie *(Hydrangea macrophylla)* – im Frühsommer blühend begleiten sie den Wanderer mitunter kilometerweit.

Aufbau des Buches

Nach einer Auswahl an Gartenspaziergängen und kurzen botanischen Wanderungen werden mehr als 200 Arten der auf Madeira vorkommenden Gewächse vorgestellt. Der größte Teil davon gehört zur Madeiraflora im engeren Sinn, sprich zu den angestammten (autochthonen) Arten im Gebiet. Entsprechend ihrem natürlichen Vorkommen werden diese nach Höhenstufen eingeteilt. Manche Arten sind von der Küste bis ins Gebirge anzutreffen, diese wurde dann dem jeweiligen Hauptverbreitungsgebiet zugeordnet. Eigene Kapitel sind den aus der ganzen Welt eingeführten Ziergewächsen und den Gehölzen gewidmet. Das Stichwort »Verbreitung« gibt oft zusätzliche Infos zu leicht zugänglichen Standorten. Auf die botanische Fachsprache wurde weitgehend verzichtet. Einige gebräuchliche Abkürzungen und unumgängliche Fachausdrücke sind am Ende des Buches erläutert.

GPS-Daten

Sowohl die Gartenspaziergänge und Kurzwanderungen als auch Standorte von Vertretern der Madeiraflora, von Ziergewächsen und interessanten Bäumen wurden mit GPS-Daten erfasst. Diese stehen auf www.rother.de zum kostenlosen Download bereit – 1. Auflage, Passwort **610301bqu**

GPS-Daten sind eine hervorragende Planungs- und Navigationshilfe, erfordern aber nach wie vor sorgfältige Vorbereitung, eigene Orientierungsfähigkeit sowie Sachverstand in der Beurteilung der jeweiligen (Gelände-)Situation. Man sollte sich für die Orientierung auch niemals ausschließlich auf GPS-Gerät und -Daten verlassen.

Manche Levadawege, etwa die Levada Nova, sind in Felswände gebaut.

Gartenspaziergänge

1. Jardim Botânico da Madeira
2. Parque de Santa Catarina
3. Jardim Municipal
4. Palheiro Gardens
5. Quinta das Cruces
6. Quinta Magnólia
7. Jardim Municipal do Monte
8. Monte Palace Tropical Garden
9. Quinta Jardins do Imperador
10. Jardim Núcleo dos Dragoeiros das Neves
11. Quinta Splendida
12. Quinta do Santo da Serra (Quinta da Junta)
13. Parque Florestal do Ribeiro Frio
14. Parque Florestal do Pico das Pedras
15. Parque Florestal das Queimadas
16. Jardim de Plantas Indígenas da Madeira
17. Jardim Botânico Pequeno (Quinta Pedagógica Prazeres)

0
10 km
1: 230.000
Oceano Atlântico
Ponta de São Jorge
São Jorge
Arco de São Jorge
ER 101
Santana
Ilha
Parque Natural da Madeira
Faial
Penha de Águia 590
São Roque do Faial
Porto da Cruz
ER 217
VE 1
Pico Ruivo 1862
Cruzinhas
Ponta de São Lourenço
ER 109
ER 103
Portela 605
1818 Pico do Arieiro
Ribeiro Frio
ER 102
Santo de Serra
ER 101
ER 108
Caniçal
Ilhéu do Farol
ER 239
ER 202
ER 202
Poiso 1413
Machico
ER 207
Água de Pena
ER 103
ER 203
ER 102
Monte
Camacha
Santa Cruz
VR 1
São Roque
Gaula
ER 102
VE 5
Santo António
ER 204
Caniço
VR 1
São Gonçalo
São Martinho
Garajau
FUNCHAL
Ponta da Cruz
Ponta do Garajau
Reserva Natural Parcial do Garajau
Wanderungen
1 Levada dos Tornos
2 Levada do Furado
3 Levada das Rabaças
4 Levada das 25 Fontes
5 Levada Nova
6 Ponta de São Lourenço
7 Fajã da Rocha do Navio
8 Pico do Arieiro
9 Pico Ruivo

Gartenspaziergänge

Spaziergänge durch Madeiras Gartenlandschaft sind ein Genuss für die Sinne. Überall duftet es nach Weißem Jasmin, Rotem Frangipani und süßlichen Orangenblüten. Dekorative Wildblumen und subtropische Ziergewächse aus allen Kontinenten erfreuen in fast allen Farben das Auge. Und ganz egal, zu welcher Jahreszeit Sie auf der Blumeninsel unterwegs sind, irgendwo grünt und blüht es hier immer.

Jardim Botânico da Madeira

Ausgangspunkt: Haupteingang am Caminho do Meio in Funchal; Anfahrt mit Stadtbus 29 und 30 oder der Luftseilbahn (Teleférico)
Dauer: 2–3 Stunden
Öffnungszeiten: Mai bis September täglich 9–19 Uhr, Oktober bis April täglich 9–18 Uhr; Eintritt 6 € (am 30. April und 1. Juli freier Eintritt)

Während eines Aufenthalts auf der Blumeninsel darf ein Besuch im Botanischen Garten von Funchal keinesfalls fehlen – er ist sozusagen »die Mutter aller Gärten« Madeiras. Sammlungen von Palmen, Sukkulenten, tropischen Nutzpflanzen und nicht zuletzt das Arboretum mit exotischen Gehölzen aus aller Welt machen den »Botânico« zu einem der bedeutendsten Gärten Europas; insgesamt werden rund 2000 verschiedene Arten vorgestellt. 1881 gegründet gehörte der Garten ursprünglich der aus Schottland stammenden Weinhändler- und Hoteliersfamilie Reid, seit 1960 untersteht er der Regionalregierung von Madeira.
Gleich hinter dem Haupteingang macht ein Philodendron seinem deutschen Namen »Baumfreund« alle Ehre – sein dichtes Geflecht aus Luftwurzeln rankt sich mehrere Meter einen Stamm hinauf. Zunächst kommt man am naturgeschichtlichen Museum vorbei, in dem Fossilien und Tierpräparate gezeigt werden. Nach einem ersten Blick auf die choreographierten Gärten (s. u.) geht es zur Abteilung der endemischen Pflanzen Madeiras. Mit Madeira-Storchschnabel *(Geranium maderense)*, Honig-Wolfsmilch *(Euphorbia mellifera)*, Kletterndem Mäusedorn *(Semele androgyna)*

Viel bewundert und dazu in aussichtsreicher Lage – die choreografierten Gärten des Jardim Botânico.

und der in freier Natur extrem seltenen Madeira-Strauchflockenblume *(Cheirolophus massonianus)* stehen hier einige herausragende Vertreter der Inselflora.

An die Madeiraflora schließt sich das Arboretum an. In dem Baumgarten stehen neben lokalen Lorbeergewächsen vornehmlich exotische Gehölze, darunter Urweltmammutbaum *(Metasequoia glyptostroboides)*, Norfolktanne *(Araucaria heterophylla)* und Ginkgo *(Ginkgo biloba)*. Nehmen Sie kurz vor einem Drachenbaum *(Dracaena draco)* den Weg rechts aufwärts und halten Sie sich nach zwei weiteren Drachenbäumen links. Von einem Aussichtspunkt am Westrand des Gartens bietet sich dann ein toller Ausblick auf das Häusermeer von Funchal.

Vom westlichen Parkrand führt von einem im Sommer in voller Blüte stehenden Korallenbaum *(Erythrina caffra)* ein Weg zur Cafeteria hinab und von dort schließlich zu den choreografierten Gärten. Die kunstvoll angelegten und farblich aufeinander abgestimmten Pflanzenteppiche sind das Fotomotiv des Botânico schlechthin. Dieser Teil des Gartens ist besonders arbeitsintensiv, alle paar Wochen wollen die in großer Zahl und sehr eng nebeneinander stehenden Pflanzen beschnitten werden. Nach dem gärtnerischen Meisterwerk können Sie kurz in den Nutzpflanzengarten schauen. Was man in mitteleuropäischen Gärten ausschließlich in Tropenhäusern findet, wächst hier alles im Freiland: Kaffee, Teesträucher und exotische Früchte wie Litschi und Guave. Gegenüber davon wartet mit dem Formschnitt-Garten (Topiari) ein weiterer Höhepunkt. Hier formten Gartenkünstler aus Thuja, Liguster und verschiedenen Zypressenarten akkurat beschnittene Kegel, Pyramiden und Spiralen.

Palmenfreunde finden im Palmetum im südlichen Gartenteil u. a. Königspalme *(Roystonea regia)*, Goldfruchtpalme *(Dypsis lutescens)* und Bismarckpalme *(Bismarckia nobilis)*. Von dem Palmengarten bietet sich ein kurzer Abstecher

Bizarre Gärtnerkunst im Formschnitt-Garten des Jardim Botânico.

zu einem weiteren Aussichtspunkt an. Auf dem Rückweg lohnt die auf ein Wiesenrondell platzierte Sammlung von Palmfarnen *(Cycadales)* eine eingehende Würdigung. Auch steht hier ein prächtiger Zylinderputzer *(Callistemom viminalis)* und daneben eine auch als Regenschirmbaum bekannte Strahlenaralie *(Schefflera actinophylla)*. Gehen Sie dann in Höhe der Nutzpflanzenabteilung zum Sukkulentengarten hinauf, der mit Galapagos-Opuntien, südafrikanischen Aloen, mexikanischen Kakteen und anderen stacheligen Gewächsen aufwartet. Nach einem letzten Fotoblick auf die choreografierten Gärten kommen Sie von dort wieder zum Eingang zurück.

Parque de Santa Catarina und Jardim Municipal

Ausgangspunkt: Praça do Infante am westlichen Altstadtrand von Funchal
Dauer: 2–3 Stunden
Öffnungszeiten: Der Santa-Catarina-Park steht April bis September täglich 7 bis 21 Uhr offen, ansonsten 8 bis 19 Uhr; Eintritt frei. Der Jardim Municipal ist jederzeit zugänglich

Der Parque de Santa Catarina ist mit 36.000 m² der weitläufigste Park in Funchal. Er erstreckt sich parallel zur Uferstraße zwischen Altstadt und Hotelviertel und ist sowohl für Hauptstädter als auch für Feriengäste eine Oase der Ruhe und Erholung. Mit der Anlage wurde 1946 begonnen; heute versammelt der Park Gehölze aus allen subtropischen Zonen, angefangen vom Afrikanischen Tulpenbaum und dem Peruanischem Pfefferbaum bis hin zu australischen Araukarien und dem Kampferbaum aus Fernost.

Der Rundgang beginnt am Denkmal für Heinrich den Seefahrer an der Rotunda do Infante, von der eine breite Treppe zum Parkeingang hinaufführt. Rechts haltend läuft ein Weg parallel zur von Jacaranda-Bäumen *(Jacaranda mimosifolia)* gesäumten Avenida do Infante an Florettseidenbäumen *(Ceiba speciosa)* vorbei; unter diesen blühen zu jeder Jahreszeit Arrangements mit Strelitzien, Schmucklilien und Samt-Salbei.

Nach einem Schwanenteich kommen Sie am Westrand des Parks zur angrenzenden Quinta Vigia, dem offiziellen Sitz des Inselpräsidenten, mit gepflegtem Park und Aussichtspunkt auf den Hafen. Rechts vom Nebeneingang stehen Drachenbaum *(Dracaena draco)* und Engelstrompete *(Brugmansia arborea)*, links ein Muschelingwer *(Alpinia zerumbet)*. Der Garten kann Mo–Fr von 9–17 Uhr gegen eine kleine Gebühr besichtigt werden (Zugang durch den Haupteingang in der Avenida do Infante 1).

Von der Quinta Vigia sind es nur wenige Schritte zum Spielplatz an der meerwärtigen Seite des Schwanenteichs. Hier stehen u. a. Norfolktannen *(Araucaria heterophylla)*, Kampferbaum *(Cinnamomum camphora)* und ein an die 4 m (!) hoher Hibiskus *(Hibiscus rosa-sinensis)*. Vom Spielplatz führt der Weg am unteren Rand des Parks zu einer Aussichtsterrasse hinab, von der man den Hafen von Funchal schön im Blick hat. Auf der Terrasse macht ein rot blühender Korallenbaum *(Erythrina caffra)* auf sich aufmerksam, im Winter recken hier Schwanenhals-Agaven *(Agave attenuata)* ihre Blütenstände in den Himmel, ganzjäh-

Ein Kleinod im Santa-Catarina-Park ist der von Zierblumen und subtropischen Gehölzen gerahmte Teich.

rig zeigt sich das rot umrandete Laub des Kupferblatts *(Acalypha wilkesiana)*. Nach einem Orchideenbaum *(Bauhinia variegata)* wird die Capela de Santa Catarina erreicht. Die schlichte Kapelle aus dem 17. Jahrhundert steht an der Stelle einer Vorgängerkirche, die 1425 vom Entdecker João Gonçalves Zarco als erstes Gotteshaus auf Madeira erbaut wurde. Vor einer Beerenmalve *(Malvaviscus arboreus)* sitzt auf ein Schwert gestützt ein weiterer großer Entdecker – Christoph Kolumbus. Der Seefahrer lebte mehrere Jahre auf Madeiras Nachbarinsel Porto Santo. Später wurde er als »Entdecker Amerikas« bekannt. Vom Kolumbus-Denkmal kommen Sie in wenigen Minuten wieder zur Rotunda do Infante zurück.

Nach dem Rundgang durch den Santa-Catarina-Park lohnt ein Abstecher über die Avenida Arriaga zum 200 m östlich vom Seefahrer-Denkmal gelegenen Jardim Municipal. In dem gerade mal 150 x 100 m großen Stadtpark erinnert eine Statue des hl. Franz von Assisi an die frühere Nutzung des Geländes – hier stand bis zur Säkularisierung im 19. Jahrhundert ein Franziskanerkonvent. An der Stelle des komplett abgerissenen Klosters begann man 1880 einen kleinen Garten zu pflanzen. Die Cafeteria an der Nordseite des Parks wird heute von einer riesigen Säulen-Araukarie *(Araucaria columnaris)* überragt, daneben steht, leicht an seinem verdickten Stamm erkennbar, ein Elefantenfußbaum *(Beaucarnea recurvata)*. Ebenfalls auffällig sind zwei Leberwurstbäume *(Kigelia africana)* und ein im Spätsommer in Blüte stehender Florettseidenbaum *(Ceiba speciosa)* mit einem stachelbewehrten Stamm. Erstaunlich, wie viele Gehölze (über 30 Arten) in dem kleinen Park Platz gefunden haben! Alle sind mit botanischem Namen gekennzeichnet, sodass es hier ganz einfach ist, heimische Lorbeerbäume wie den Stinklorbeer *(Ocotea foetens)* vom Barbusano *(Apollonias barbujana)* und der Hohen Picconie *(Picconia excelsa)* zu unterscheiden.

Palheiro Gardens (Blandy's Garden)

Ausgangspunkt: Caminho da Quinta do Palheiro 32, bei Palheiro Ferreiro (ca. 8 km östlich von Funchal). Die Funchaler Stadtbusse 36 A und 37 halten direkt vor dem Eingang. Autofahrer nehmen von der Autobahn (VE 1) östlich von Funchal die Ausfahrt Palheiro Gardens.
Dauer: 2–3 Stunden
Öffnungszeiten: Täglich 9–17.30 Uhr; Eintritt 11 € (www.palheironatureestate.com)

Ohne Frage einer der prächtigsten Gärten Madeiras, und mit rund 120.000 m² auch der größte! Aus Mitteleuropa Vertrautes wie Stieleichen und Buchen mischt sich hier mit mediterranen Ziergewächsen, nordamerikanischen Tulpenbäumen, Sicheltannen aus Fernost und Preziosen der südafrikanischen Kapflora. Die Gartenanlage geht bis in das Jahr 1801 zurück, als auf dem damals noch von Lorbeerwald überzogenen Areal ein Jagdhaus errichtet wurde. Sein heutiges Gesicht erhielt das Gelände durch die Weinhandelsfamilie Blandy, die 1885 den Grundbesitz kaufte. Im Stil der englischen Gartenarchitektur begannen die Blandys exotische Gehölze aus allen Kontinenten zu pflanzen. Zu den Attraktionen gehören neben dem alten Baumbestand insbesondere japanische Kamelien und südafrikanische Proteas.
Gleich nach dem Kassenhäuschen gehen zwei Wege ab. Auf dem rechten Weg kommen Sie nach 150 m zu einem riesigen Tulpenbaum *(Liriodendron tulipifera)*. Ein paar Schritte danach beginnt eine gewundene Kamelienallee, sie ist der besondere Stolz des Gartens und zeigt sich zur Blüte von November bis April von ihrer schönsten Seite. In Höhe der viktorianischen Villa, es ist der Wohnsitz der Eigentümerfamilie (keine Besichtigung möglich), stehen Königs-Proteas *(Protea cynaroides)* und Nadelkissen-Proteas *(Leucospermum cordifolium)*. Rechts führt ein Pfad zum Ribeiro do Infierno (Höllenfluss) hinab.

Die Akanthus-Wiese über dem Ribeiro do Infierno.

Üppige Zierflora im 100 m langen Long Border.

Von einem Wasserlauf ist zwar nicht allzu viel zu sehen, dafür öffnet sich über eine Akanthus-Wiese eine zauberhafte Aussicht bis nach Funchal. Den Weg säumen mächtige Platanen, unterhalb davon breiten australische Palmfarne ihre filigranen Wedel aus.

An einem weiteren Tulpenbaum führt rechts ein mit Flusskieseln ausgelegter Weg zu einem ovalen Wasserbecken, von dem man abermals rechts gehend die barocke Hauskapelle erreicht. Kurz vor dieser recken zwei mächtige Tannen aus der Gattung der Araukarien *(Araucaria bidwillii* und *A. heterophylla)* ihre zu Etagen angeordneten Äste in den Himmel.

An der Kapelle weist ein Schild zum Teehaus in der südlichsten Ecke des Gartens. Dabei kommen Sie durch den sogenannten Long Border, ein von Buchsbaumhecken eingefasstes etwa 100 m langes Beet, in dem wie dahingestreut Dahlien, Watsonien, Engelstrompeten und Strelitzien opulent in Szene gesetzt sind. Auf der Terrasse des Teehauses kann man eine kleine Pause einlegen und danach die beiden kleinen Seerosenbecken davor und den Jardim da Senhora (Garten der Dame) bewundern. Ein paar Schritte westlich des Teehauses steht nahe der Casa Velha (heute Hotel) ein mehrstämmiger Neuseeländischer Weihnachtsbaum *(Metrosideros excelsa)*, der mitten im europäischen Sommer in voller Blüte steht.

Zurück an der Kapelle biegt man rechts zum Senkgarten (Sunken Garden) ab, an den sich der Hauptgarten (Main Garden) anschließt. Beide Gärten sind symmetrisch angelegt; auf den Rabatten blühen das ganze Jahr über Gazanien, Mittagsblumen und Freesien, auch ein Rosengarten fehlt nicht. Vom Hauptgarten kommen Sie wahlweise durch die Kamelienallee oder auf dem von Schmucklilien gesäumten Weg hinter dem Wohnsitz der Familie Blandy wieder zum Eingang zurück.

Weitere sehenswerte Gärten und Parks

Quinta das Cruces

Vom Jardim Municipal im Zentrum Funchals sind es nur wenige Gehminuten zu einem alten Landsitz hinauf. Vor 600 Jahren soll hier João Gonçalves Zarco (um 1390–1471), der Entdecker Madeiras, gewohnt haben. In dem mehrfach veränderten Herrenhaus gibt heute ein Museum einen Einblick in den Lebensstil der gehobenen Gesellschaft von anno dazumal. Die Attraktion des zugehörigen Gartens ist ein betagter Drachenbaum *(Dracaena draco)*, außerdem kann eine prächtige Sammlung an Orchideen bewundert werden.
Funchal, Calçada do Pico 1, geöffnet Mo–Sa 10–17.30 Uhr, Eintritt frei

Quinta Magnólia

Der 35.000 m² große Park westlich von Funchals Altstadt wurde nach jahrelanger Schließung jüngst von der Regionalregierung generalüberholt und wieder öffentlich zugänglich gemacht. Seine Gründung geht auf das 19. Jahrhundert zurück; bis 1980 gehörte er dem British Country Club. Vor allem an den Wochenenden nutzen viele Hauptstädter die Parkwege zum Spazierengehen und Joggen.
Zwischen altem Baumbestand mit Afrikanischen Tulpenbäumen *(Spathodea campanulata)* und Florettseidenbäumen *(Ceiba speciosa)* finden sich auch Ziergewächse wie Korallenstrauch *(Erythrina crista-galli)* und Goldkelch *(Solandra maxima)*, ein ganzjährig blühendes Nachtschattengewächs aus Südamerika. Interessant sind ein dickstämmiger Elefantenfuß *(Beaucarnea recurvata)* und ein mehrstämmiger Schraubenbaum *(Pandanus utilis)*, der von astdicken Stelzwurzeln gestützt wird. Monumental nimmt sich eine Mexikanische Zypresse *(Cupressus lusitanica)* aus – mit 77 m ist sie einer der höchsten Bäume Madeiras. Von Aussichtspunkten kann man über im Mai taubenblau blühende Jacarandabäume *(Jacaranda mimosifolia)* auf das auf einer Klippe thronende Nobelhotel Reid's Palace schauen.
Funchal, Rua do Dr. Pita 10, Eintritt frei

Eine Mexikanische Zypresse in der Quinta Magnólia.

Blüht im Winter: der Orchideenbaum.

Jardim Municipal do Monte

Das Städtchen Monte, es liegt auf 550 m Höhe oberhalb von Funchal, wartet gleich mit drei opulenten Gärten auf. Unterhalb des Hauptplatzes (Largo do Fonte) führen schmale Wege durch ein dicht mit exotischen Gehölzen und Ziergewächsen begrüntes Tal. Mit dem Anlegen des von englischen Vorbildern und dem Stil der Romantik inspirierten öffentlichen Stadtparks wurde 1896 begonnen.

In dem relativ engen Tal mit einem Gefälle von fast 100 m sind heute rund 300 Arten vertreten. Sofort ins Auge fallen australische Baumfarne *(Sphaeropteris cooperi)* und Japanische Kamelien *(Camellia japonica)*. Maiblumenbäume *(Clethra arborea)* und etliche Stinklorbeerbäume *(Ocotea foetens)* erinnern an die Zeit, als das Tal noch von Lorbeerwald besetzt war.

Monte, Largo do Fonte, Eintritt frei

Monte Palace Tropical Garden

Manche mögen den mit allerlei orientalischem Dekor ausgeschmückten tropischen Park vielleicht als etwas kitschig empfinden, doch zwischen Pagoden, Kunstobjekten und Koi-Karpfen-Teichen entfaltet sich eine von künstlichen Wasserfällen und einem kleinen See aufgelockerte außerordentlich facettenreiche Parklandschaft. Die Anfänge des steil an den Hang geschmiegten Gartens reichen bis ins 18. Jahrhundert zurück, als das Gelände von dem damaligen englischen Konsul erworben wurde. Später entstand darauf das Grandhotel Monte Palace. 1987 wurde der 70.000 m² große Park von dem Milliardär José Berado erworben.

Der Stolz des Gartens ist eine Sammlung von Palmfarnen; mit rund 700 Exemplaren zählt sie weltweit zu den größten. Die Flora Madeiras ist unter anderem mit Drachenbäumen und verschiedenen Arten aus der Lorbeerwaldgesellschaft vertreten. In einem Museum wird neben afrikanischer Kunst auch eine umfangreiche Mineraliensammlung gezeigt. Der obere Parkeingang ist nur wenige Schritte vom Hauptplatz in Monte entfernt (Stadtbusse 20 und 21 ab Funchal). Vom Zentrum in Funchal ist die Anfahrt auch mit der Seilbahn möglich, die Bergstation liegt direkt gegenüber dem Eingang.

Monte, Caminho da Babosas, geöffnet täglich 9.30–18 Uhr, Eintritt 12,50 €, www.montepalacemadeira.com

Viel Grün und Zierde auf engstem Raum im öffentlichen Garten von Monte.

Von Buchsbaumhecken eingefasste Rabatten im Jardim Malakof.

Quinta Jardins do Imperador
Die »Gärten des Kaisers« sind auch in historischer Hinsicht interessant: Die Villa im unteren Teil des Park war die letzte Residenz von Kaiser Karl I. von Österreich, der nach dem Zusammenbruch der Donaumonarchie ins Exil nach Madeira ging und hier 1922 verstarb. Heute untersteht der Park der Inselregierung.
Vom Eingang führt eine von hundertjährigen Bäumen mit Schmucklilien im Unterwuchs gesäumte Pflasterstraße zur Quinta hinab. An der baufälligen Villa stehen Japanische Sicheltannen *(Cryptomeria japonica ›Elegans‹)*, ein kalifornischer Küstenmammutbaum *(Sequoia sempervirens)* und eine mächtige Norfolktanne *(Araucaria heterophylla)* einträchtig nebeneinander. Östlich davon schließt sich der Jardim Malakof an. Die mit Buchsbaumhecken abgeteilten Gazanien- und Rosenrabatten werden hier von Kamelien und Magnolien eingerahmt. Vom dortigen Teehaus (geschlossen) kann man die reizvolle Aussicht auf den Hafen von Funchal genießen. Der Eingang (großer Parkplatz) liegt an der ER 103 etwa 300 m oberhalb vom Largo do Fonte in Monte (von Funchal Stadtbusse 20 und 21).
Monte, Caminho do Pico, geöffnet Mo–Sa 9.30–17.30, So 10.30–17.30 Uhr, Eintritt 1 € (sonntags frei)

Jardim Núcleo dos Dragoeiros das Neves
Nur knapp 40 Arten erwarten Sie in diesem kleinen Park, doch alle davon kommen ausschließlich im Madeira-Archipel vor. Botanisches Highlight des 1996 gegründeten und unter der Regie des Umweltamtes stehenden Gartens ist ein kleiner Drachenbaumhain. Er besteht aus

Die Drachenbäume in São Gonçalo.

drei knorrigen Exemplaren mit einem geschätzten Alter von 100 bis 150 Jahren und etwa 25 Jungbäumen – ein Besuch lohnt allein schon deswegen. Unmittelbar vor dem kleinen Infohäuschen (Centro de Informação) finden sich zwei in freier Natur sehr selten zu sehende Inselendemiten – die Gold-Musschie *(Musschia aurea)* und der Madeira-Jasmin *(Jasminum azoricum)*. Weitere »Raritäten« sind unter anderem Madeira-Winde *(Convolvulus massonii)* und Weidenblättrige Eberwurz *(Carlina salicifolia)*. Der Garten liegt in São Gonçalo an der Landstraße ER 204, ca. 8 km östlich von Funchal (Stadtbuslinie 38 Funchal – Cancela).

São Gonçalo, Sitio das Neves, geöffnet Mo–Fr 9–12.30 und 14–17.30 Uhr, Eintritt frei

Quinta Splendida

Als einziger Hotelgarten Madeiras darf die Quinta Splendida in Caniço offiziell die Bezeichnung »Botanischer Garten« führen. Auf dem etwa 30.000 m² großen Areal rund um das Viersterne-Resort verteilen sich mehr als 1000 verschiedene Arten. Der Schwerpunkt liegt auf subtropischen Ziergewächsen aus aller Welt, hier kann man u. a. mit dem Köstlichen Fensterblatt *(Monstera deliciosa)*, der Schlangenhals-Agave *(Agave attenuata)* und dem Elefantenfuß *(Beaucarnea recurvata)* Bekanntschaft machen.

Caniço, Estrada Ponta da Oliviera 11, Eintritt frei (an der Rezeption um Erlaubnis fragen), www.quintasplendida.com

Quinta do Santo da Serra (Quinta da Junta)

Wie Palheiro Gardens (S. 14) geht die Quinta in Santo da Serra auf die englische Familie Blandy zurück, die hier Ende des 19. Jahrhunderts einen Landsitz mit großzügigem Landschaftspark anlegen ließ. Das Gelände wurde 1975 von der Inselregierung erworben und als Freizeitpark geöffnet. Auf dem von Kamelien, Rhododendren und anderen exotischen Gehölzen gesäumten Hauptweg können Sie zum Miradouro dos Ingleses spazieren, von dem sich der Ausblick auf die Halbinsel São Lourenço öffnet. Neben Japanischen Sicheltannen *(Cryptomeria japonica)*, Lawsons Scheinzypressen *(Chamaecyparis lawsoniana)* und einer stolzen Queensland-Araukarie *(Araucaria bidwillii)* gibt es auch etliche lokale Arten zu sehen, u. a. betagte Exemplare von Stinklorbeer *(Ocotea foetens)* und Zedernwacholder *(Juniperus cedrus* subsp. *maderensis)*. Der Eingang befindet sich an der ER 207 etwa 200 m östlich der Pfarrkirche, Busverbindungen ab Funchal und Machico.

Santo da Serra, täglich bis Sonnenuntergang geöffnet, Eintritt frei

Mädchenaugen in der Quinta Splendida.

Australische Baumfarne in Ribeiro Frio.

Parque Florestal do Ribeiro Frio

Der Naturlehrpfad gegenüber der Forellenzucht in Ribeiro Frio widmet sich ausschließlich der Lorbeerwaldgesellschaft. Nicht nur Stinklorbeer, Kanaren-Lorbeer und Barbusano sind entlang der schmalen Pfade zu Hause, auch können Sie hier viele seltene Endemiten der Begleitflora des Lorbeerwalds entdecken, darunter den Madeira-Fingerhut *(Isoplexis sceptrum)*, die Madeira-Cinerarie *(Pericallis aurita)* und die Wollaston-Musschie *(Musschia wollastonii)*. Beste Zeit für Orchideen: Im Juni blüht das Madeira-Knabenkraut *(Dactylorhiza foliosa)*, im Herbst das in freier Natur extrem seltene Madeira-Netzblatt *(Goodyera macrophylla)*. Das ganze Jahr über zeigt der Wurzelnde Kettenfarn *(Woodwardia radicans)* seine meterlangen Wedel, auch Bodendecker wie die Niederliegende Sibthorpie *(Sibthorpia peregrina)* sind vielerorts zu sehen. Große Infotafeln sorgen für Übersicht; schade ist nur, dass die Beschilderung der Pflanzen oft nicht mehr lesbar ist. Hübsch angelegt ist das Areal um die Becken der Forellenzucht auf der anderen Straßenseite. Neben australischen Baumfarnen *(Sphaeropteris cooperi)* stehen hier auch Sträucher des Madeira-Natternkopfs *(Echium candicans)* und der Gefiederten Wucherblume *(Argyranthemum pinnatifidum)*. Der Naturpark liegt an der ER 103 zwischen Poiso und Faial (gute Busverbindung ab Funchal).
Ribeiro Frio, Eintritt frei

Parque Florestal do Pico das Pedras

Der Naturpark liegt an der Auffahrt von Santana zum Pico Ruivo. Auf rund 800 m Höhe stehen hier etliche Baumriesen, neben einheimischen Lorbeerbäumen und Zedernwacholder auch Gehölze aus Übersee, u. a. Küstenmammutbaum *(Sequoia sempervirens)*, Douglasie *(Pseudotsuga menziesii)* und Norfolktanne *(Araucaria heterophylla)*. In der großen Gärtnerei werden vornehmlich Jungpflanzen für Wiederaufforstungsprogramme gezogen. Für Madeirer ist an Wochenenden der Picknickplatz unter den Bäumen eine beliebte Sommerfrische. Der Naturpark liegt an der ER 218, gut 4 km oberhalb von Santana.
Pico das Pedras, Eintritt frei

Parque Florestal das Queimadas

Queimadas ist nicht nur Ausgangspunkt für eine spektakuläre Levadawanderung zum Caldeirão Verde, hier gibt es auch einen prächtigen Waldpark mit altem Baumbestand, der sichtlich von dem fast ganzjährig feuchten Bergklima auf fast 900 m profitiert. Von seiner schöns-

Der Waldpark von Queimadas ist Ausgangspunkt für die Levadawanderung zum Caldeirão Verde.

Auf Inselendemiten spezialisiert ist der kleine botanische Garten in der Quinta Pedagógica.

ten Seite zeigt sich der Park zur Rhododendronblüte im April. Er liegt 4,5 km oberhalb von Santana, die Zufahrt erfolgt auf einem schmalen Teersträßchen.
Queimadas, Eintritt frei

Jardim de Plantas Indígenas da Madeira

Der »Garten heimischer Pflanzen aus Madeira« in São Vicente wurde 1989 mit Unterstützung des WWF gegründet. Auf dem 2200 m² großen Areal direkt neben der Hauptstraße verteilen sich rund 60 endemische Arten, darunter verschiedene Lorbeerbäume und Küstenpflanzen.
São Vicente, Rua Dr. António Jardim de Oliveira, Eintritt frei

Jardim Botânico Pequeno in der Quinta Pedagógica Prazeres

Der »Kleine Botanische Garten« der Quinta Pedagógica (im Ortszentrum von Prazeres gleich hinter der Kirche) überrascht mit einer Fülle von Arten auf relativ kleinem Raum. Neben Madeira-Storchschnabel *(Geranium maderense)*, Wollaston-Musschie *(Musschia wollastonii)* und Madeira-Fingerhut *(Isoplexis sceptrum)* findet man hier Preziosen wie den Madeira-Blaustern *(Scilla maderensis)* und die Kegelkopf-Strohblume *(Helichrysum obconicum)*. Der Fokus des 2017 begonnenen Gartenprojekts richtet sich auf Madeira-Endemiten (mehr als 60% der Bepflanzung) und Heilpflanzen. Zur Quinta gehören auch ein Herbarium und ein kleines Naturkundemuseum. Nach dem Gartenrundgang kann im Teehaus der Quinta ein Kräutertee getrunken und selbst gebackener Kuchen probiert werden.
Prazeres, Rua da Igreja 3, geöffnet täglich 9–19 Uhr, Eintritt frei, www.jardimbotanico-pequeno.com
Einstündige Gartenführungen mit einer deutschen Pharmazeutin von Mai bis September mittwochs und freitags um 11 Uhr nach vorheriger Anmeldung (E-Mail: info@jardimbotanicopequeno.com, Preis pro Person 8 €)

Leichte Levada-, Küsten- und Bergwanderungen

Die botanischen Wanderungen sind für geübte Wanderer relativ leicht und auch von der Orientierung einfach begehbar, etliche davon sind als offizielle Wanderwege (PR = Pequenas rotas) markiert. Bei Nässe, ungünstiger Witterung und Nebel sollte bedacht werden, dass sich die Bedingungen erschweren können. Für detaillierte Tourenbeschreibungen mit genauen Anfahrtswegen und weiteren Wandervorschlägen empfiehlt sich der Rother Wanderführer Madeira.

Levada dos Tornos

Ausgangspunkt: Monte, 550 m (auch mit dem Stadtbus oder der Seilbahn von Funchal erreichbar)
Länge: 8,2 km
Gehzeit: 2.30 Stunden
Höhenunterschied: 130 m

In Monte lässt sich spielend ein ganzer Tag verbringen, gibt es hier doch mit dem Jardim Municipal (Stadtgarten) (S. 17), dem Monte Palace Tropical Garden (S. 17) und der Quinta Jardins do Imperador (S. 18) gleich drei botanische Gärten zu besichtigen. Der Villenort hoch über Funchal ist zugleich Ausgangspunkt für eine Wanderung nach Palheiro Gardens (S. 14).
Los geht es am Hauptplatz von Monte, dem Largo do Fonte. Auf dem mit Flusskieseln ausgelegten Caminho das Babosas kommen Sie zunächst zum unterhalb von der Wallfahrtskirche Nossa Senhora do Monte gelegenen Startplatz der Korbschlittenfahrer und dem Eingang des Monte Palace Tropical Garden. Kurz nach diesem beginnt neben der Cafeteria am Largo das Babosas der alte Pflasterweg nach Curral dos Romeiros. Es geht zunächst in das von lichtem Eukalyptuswald dominierte Tal des Ribeiro de João Gomes hinab (2016 wütete hier ein Waldbrand) und dann hinauf nach Curral dos Romeiros. Man quert die Dorfstraße geradewegs (Sackgassenschild). Sobald die schmale Gasse nach rechts abwärts schwenkt, erreichen Sie links über ein paar Stufen die Levada dos Tornos. Schon kurz nach dem Dorf läuft der schmale Wasserkanal durch dichten

Einladend – die Aussichtsterrasse im Jasmin Tea House.

An der von Afrikanischen Schmucklilien gesäumten Levada dos Tornos.

Mischwald. Den Platz des ursprünglichen Lorbeerwalds nehmen heute Akazien *(Acacia mearnsii)* und Krausblättriger Klebsame *(Pittosporum undulatum)* ein, im Unterwuchs wuchern Wollblütiger Nachtschatten *(Solanum mauritianum)* und Mexikanische Baumfuchsie *(Fuchsia arborescens)*, an der Levadaböschung stehen Afrikanische Schmucklilien *(Agapanthus praecox)* und Rote Spornblumen *(Centranthus ruber)*.
Nach dem von dem Feuer ebenfalls teilweise zerstörten Bungalows des Luxushotels Choupana Hills – hier stehen Norfolktannen *(Araucaria heterophylla)*, junge Drachenbäume *(Dracaena draco)* und Palmlilien *(Yucca elephantipes)* – quert die Levada dos Tornos geradewegs eine steil abwärts führende schmale Straße und erreicht eine gute halbe Stunde später das Hortensia Garden Tea House (vorübergehend geschlossen). Wenig später bietet sich eine Rast im Jasmin Tea House an, in dem es gleich am Eingang nach dem namensgebenden Zierstrauch duftet. Schließlich wird die Landstraße (ER 102) erreicht, auf der man rechts abwärts zur Zufahrt nach Palheiro Gardens kommt (Bushaltestelle, Taxistand).

Picknickplatz unter Baumfarnen.

Levada do Furado

Ausgangspunkt: Ribeiro Frio, 860 m (auch mit dem Bus erreichbar)
Länge: 11 km
Gehzeit: 3.30 Std.
Höhenunterschied: gut 250 m

Der immergrüne Lorbeerwald zwischen Ribeiro Frio und Portela vermittelt ein Bild, wie es auf Madeira bis vor einem halben Jahrtausend fast überall ausgesehen haben mag. Unter anderem sind hier Kanaren-Lorbeer *(Laurus novocanariensis)*, Stinklorbeer *(Ocotea foetens)* und Indische Persea *(Persea indica)* vertreten.
Der Weg beginnt kurz unterhalb der Forellenstation in Ribeiro Frio. Im Frühjahr blühen hier der Stolz von Madeira *(Echium candicans)*, Madeira-Storchschnabel *(Geranium maderense)* und Madeira-Knabenkraut *(Dactylorhiza foliosa)*, vor der Brücke über den Ribeiro Frio (Kalter Fluss) steht mit der Madeira-Teline *(Teline maderensis)* ein weiterer Inselendemit. Im Sommer zeigt sich der weitverzweigte Blütenstand der Wollaston-Musschie *(Musschia wollastonii)*. Die das ganze Jahr über feuchte felsige Böschung begrünen Farne, etwa Rippenfarn *(Blechnum spicant)* und die meterlangen Wedel des Wurzelnden Kettenfarns *(Woodwardia radicans)*; auch Frauenhaarfarn *(Adiantum capillus-veneris)* und das Sperrige Aichryson *(Aichryson divaricatum)* sind zu sehen.
Nach einer guten Stunde hilft eine weitere Brücke über einen Bachlauf, hier spannen sich von Moos bewachsene Äste der Baumheide *(Erica arborea)* über den Weg. Kurz nach einer meterbreiten Felsspalte führt die Levada eng an eine Felswand geschmiegt durch etliche kurze Tunnel (keine Taschenlampe erforderlich). Am Wasserhaus Lamaceiros wird die Levada in einen breiten Waldweg verlassen, der, von Wucherblumen *(Argyranthemum sp.)*, Stinkender Strohblume *(Helichrysum foetidum)* und ausgedehnten Kolonien des Roten Fingerhut *(Digitalis purpurea)* gesäumt, zum Forsthaus Lamaceiros hinabführt. Unter Baumfarnen *(Sphaeropteris cooperi)* und einer Japanischen Sicheltanne *(Cryptomeria japonica ›Elegans‹)* lädt dort ein rustikaler Picknickplatz zu einer kleinen Pause ein, bevor man weiter dem Weg nach Portela hinab folgt (Bus, Taxistand).

Im Mai streckt an der Levada das Rabaças der Stolz von Madeira seine Blütenkerzen über den Kanal.

Levada das Rabaças

Ausgangspunkt: Boca da Encumeada, 1007 m (auch mit dem Bus erreichbar)
Länge: 8 km
Gehzeit: 2.20 Std. (hin und zurück)
Höhenunterschied: unwesentlich

Diese Levada ist nicht allzu schwierig begehbar, doch für einige ausgesetzte Passagen sollte man schwindelfrei sein und für die Durchquerung von einem etwa 300 m langen Tunnel eine Handy- oder Taschenlampe dabeihaben.
Gegenüber von der Snackbar am Encumeada-Pass führen ein paar Steinstufen zur Levada das Rabaças hinauf. In Fließrichtung kommt man sogleich am Haus des Levadawärters vorbei. Nach einer Viertelstunde teilt sich vor dem 600 m langen Folhadal-Tunnel der Kanal; hier geht man nicht durch den Tunnel, sondern bleibt an der Levada das Rabaças. Am Weg stehen Maiblumen- und Gagelbäume, vereinzelt auch Edelkastanien; über die Levada beugen sich im Frühjahr die hübschen Blütenkerzen des Stolz von Madeira *(Echium candicans)*. Besenginster *(Cytisus scoparius)* sorgt für gelbe und der Anemonenblättrige Storchschnabel *(Geranium palmatum)* für lila Farbtupfer. An der felsigen Böschung siedeln das Felsen-Nabelkraut *(Umbilicus rupestris)* und verschiedene Farne, auch Madeira-Ampfer *(Rumex maderensis)*, Mexikanisches Berufkraut *(Erigeron karvinskianus)*, Knöpfchen-Knöterich *(Persicaria capitata)* und Schwarzaugen-Strohblume *(Helichrysum melaleucum)* sind hier zu Hause. Nachdem ein 300 m langer Tunnel (kann je nach Jahreszeit und Witterung mitunter feucht sein) durchlaufen ist, kann der Levada noch weitere 10 Minuten bis zum Eingang des 2 km langen Rabaças-Tunnels gefolgt werden. Von dort geht es auf dem Hinweg wieder zum Encumeada-Pass zurück.

Storchschnabelgewächse und Wucherblumen begleiten den Levadaweg zu den 25 Quellen.

Levada das 25 Fontes

Ausgangspunkt: Casa do Rabaçal, 1065 m
Länge: 4,5 km
Gehzeit: 1.30 Std. (hin und zurück)
Höhenunterschied: 150 m

Für die beliebteste Levadawanderung Madeiras sollten Sie die Stoßzeit über Mittag meiden, am besten startet man frühmorgens. Vom Parkplatz Rabaçal an der ER 105 verkehrt täglich alle halbe Stunde ein kostenpflichtiger Shuttlebus (der erste um 9.30 Uhr) zur Casa do Rabaçal.

Vor der Cafeteria folgt man dem Wegweiser PR 6 in Richtung 25 Fontes. Der Pfad kreuzt zunächst die Levada do Risco (Abstecher zum berühmtesten Wasserfall der Insel möglich) und führt dann durch von Maiblumenbäumen *(Clethra arborea)* und mannshohen Sträuchern der Madeira-Heidelbeere *(Vaccinium padifolium)* durchsetzten Heidebuschwald *(Erica arborea, Erica scoparia)* an der Levada 25 Fontes entlang. Am Wegrand stehen u. a. Großblättriger Hahnenfuß *(Ranunculus cortusifolius)*, Anemonenblättriger Storchschnabel *(Geranium palmatum)* und Madeira-Teline *(Teline maderensis)*. Die immerfeuchte Böschung wird von typischer Levadaflora begrünt, neben Lebermoosen, Rippenfarnen und Sibthorpien finden sich hier auch Hain-Veilchen *(Viola riviniana)*, Madeira-Cinerarie *(Pericallis aurita)* und Madeira-Bartpippau *(Tolpis macrorhiza)*. Ziel der Wanderung ist ein Felsenkessel, von dem zahlreiche kleinere und größere Wasserfälle in einen Quelltopf stürzen. Auffällig sind hier die meterlangen Wedel des Wurzelnden Kettenfarns *(Woodwardia radicans)*. Für den Rückweg nimmt man dann 250 m ab den Quellen den links aufwärts führenden Weg (Einbahnregelung).

Levada Nova

Ausgangspunkt: Prazeres, 625 m (auch mit dem Bus erreichbar)
Länge: 9,6 km
Gehzeit: 2.45 Std. (hin und zurück)
Höhenunterschied: unwesentlich

Auf der Levada Nova können Sie ganz bequem durch den Westen Madeiras wandern. Der Kanal läuft unmittelbar über der Siedlungsgrenze in recht ursprüngliche Täler hinein.
Von der Dorfkreuzung in Prazeres erreicht man auf der Straße in Richtung Paul da Serra bereits nach 150 m den Levadakanal, dem wahlweise links oder rechts gefolgt werden kann. Sofern Sie sich für rechts entscheiden, haben Sie bereits nach wenigen Minuten das Kulturland hinter sich gelassen. Die Levada zieht dann durch lichte Wälder mit Blauem Eukalyptus *(Eucalyptus globulus)* und Strand-Kiefern *(Pinus pinaster)*, im Unterwuchs sorgen im Frühjahr Adlerfarne *(Pteridium aquilinum)* und Besenginster *(Cytisus scoparius)* für reichlich Grün. Immer dem Lauf der Levada folgend kommen Sie ins Tal der Ribeira da Funda, in dem sich Vertreter der Lorbeerwaldgesellschaft, u. a. Indische Persea *(Persea indica)*, Kanarische Weide *(Salix canariensis)* und typische Begleitflora wie die Madeira-Cinerarie *(Pericallis aurita)* finden. Im Schatten einer Felswand wachsen Niederliegende Sibthorpie *(Sibthorpia peregrina)* und Frauenhaarfarn *(Adiantum capillus-veneris)*. Nach knapp 1½ Std. wird das Wasserhaus von Atalhinho erreicht, an dem der Levadawärter Rosen und Dahlien züchtet und für den Eigenbedarf Pfirsiche und Pflaumen zieht. Früher konnte man mitten durch den kleinen Privatgarten gehen, heute kann man lediglich einen Blick über den Zaun werfen. Das Wasserhaus bietet sich als Umkehrpunkt an (je nach Gusto könnte man der Levada noch durch weitere Täler bis nach Calheta folgen).

Lichter Kieferwald an der Levada Nova.

Adlerfarne im Unterwuchs.

Die Palmenoase an der Casa do Sardinha im grünen »Winterkleid«.

Ponta de São Lourenço

Ausgangspunkt: Baía d'Abra, 77 m (auch mit dem Bus erreichbar)
Länge: knapp 7 km
Gehzeit: gut 2.30 Std. (hin und zurück)
Höhenunterschied: 300 m

Die so gut wie unbewaldete schroffe Halbinsel sorgt mit ihren weit ins Meer vorgeschobenen Felsrücken ganzjährig für ein großartiges Wandererlebnis. Aus botanischer Sicht ist sie vornehmlich im Frühjahr interessant, wenn nach winterlichen Niederschlägen die oft nur kniehohe Buschvegetation zum Leben erwacht.
Vom Großparkplatz an der Baía d'Abra führt ein als PR 8 ausgeschilderter und größtenteils gut begehbarer Pfad zur Casa do Sardinha. Auf dem Weg dorthin können zwischen Bodendeckern, wie Kristall-Mittagsblume *(Mesembryanthemum crystallinum)*, Blaugrünem Hornklee *(Lotus glaucus)* und anspruchslosen Distelgewächsen, auch einige Inselendemiten entdeckt werden: neben den zahlreich auftretenden Madeira-Levkojen *(Matthiola maderensis)* auch Madeira-Ringelblumen *(Calendula maderensis)* und Unterarten von Stroh- und Wucherblumen. Die von Kanarischen Dattelpalmen *(Phoenix canariensis)* eingerahmte Casa do Sardinha (kleines Infozentrum mit Snackbar) nimmt sich in der spröden Felslandschaft wie eine Oase aus. Von der Snackbar kommen Sie nach einem kleinen Rundweg über den Bootsanleger (Cais) wieder zum Hauptweg zurück.

Drüsige Andryala auf der Halbinsel.

Fajã da Rocha do Navio

Ausgangspunkt: Teleférico da Fajã da Rocha do Navio am unteren Ortsrand von Santana, 300 m (auch mit dem Bus erreichbar)
Länge: knapp 3 km
Gehzeit: 1 Std.
Höhenunterschied: 300 m

Der Abstieg zu der landwirtschaftlich genutzten Strandterrasse garantiert imposante Ausblicke auf die wildromantische Küstenlandschaft. Wieder hinauf kommen Sie bequem mit der Seilbahn.
An der Bergstation der Seilbahn beginnt ein schmaler, anfangs mit Adlerfarn *(Pteridium aquilinum)* und Asphaltklee *(Bituminaria bituminosa)* etwas überwachsener Pfad. In der ersten Linkskehre lohnt es sogleich innezuhalten, hier blüht im Frühjahr der Wollblütige Nachtschatten *(Solanum mauritianum)* und neben Feigenbäumen ranken verwilderte Maracujas *(Passiflora edulis)* den Hang hinauf. Der Pfad läuft dann in engem Zickzack steil abwärts. Vor einem Felsüberhang wuchert Drüsiger Wasserdost *(Ageratina adenophora)* und die aus dem Himalaja eingeschleppte Girlandenblume *(Hedychium gardnerianum)*. An den Felswänden sind endemische Aeonium-Arten *(Aeonium glandulosum, Aeonium glutinosum)* zu Hause, auf den steil abfallenden Hängen breiten sich Weidenblättrige Kugelblume *(Globularia salicina)* und Spanisches Rohr *(Arundo donax)* aus. Die schmale Terrasse (Fajã) am Fuß der Küstenberge bietet Raum für Weinanbau und Gärten mit Bananenstauden und Obstbäumen. Zwischen winzigen Bauernkaten führt ein Pfad zum Blockstrand neben den markanten Felsen von Pedra dos Sargos hinab. Hier reichen Fischfang-Wolfsmilch *(Euphorbia piscatoria)*, Drüsige Wolldistel *(Andryala glandulosa)* und das Einblütige Leimkraut *(Silene uniflora)* bis unmittelbar an den Steinstrand heran, auch Madeira-Levkoje *(Matthiola maderensis)*, Schwarzaugen-Strohblume *(Helichrysum melaleucum)* und Prächtiger Natternkopf *(Echium nervosum)* sind vertreten. Vor einem kleinen Infozentrum (Centro da Biosfera) kann neben einem jungen Drachenbaum *(Dracaena draco)* auch der Kletternde Mäusedorn *(Semele androgyna)* entdeckt werden. Bevor es mit der Seilbahn wieder hinauf geht, bietet sich von der Talstation ein allerdings sehr steiniger Abstecher in Richtung der vorgelagerten Ilhéu da Rocha do Navio (Schiffsfelseninsel) an – vor dem wuchtigen Felsklotz strandete an Heiligabend 1860 ein holländischer Schoner.

Eine Seilbahn erschließt den Zugang zur Fajã da Rocha do Navio.

Pico do Arieiro

Ausgangspunkt: Parkplatz am Pico do Arieiro, 1818 m
Länge: 3 km
Gehzeit: gut 1 Std. (hin und zurück)
Höhenunterschied: 175 m

Vom Pico do Arieiro müssen Sie nicht unbedingt den ziemlich anstrengenden ganzen Wanderweg (PR 1) zum Pico Ruivo machen, schon ein kurzes Teilstück davon erlaubt einen Einblick in die großartige Hochgebirgslandschaft. Bereits im Gipfelbereich des dritthöchsten Berges von Madeira können einige typische Vertreter der Gebirgsflora entdeckt werden, etwa Madeira-Steinbrech *(Saxifraga maderensis)*, Madeira-Grasnelke *(Armeria maderensis)* und Madeira-Bartpippau *(Tolpis macrorhiza)*. Am Fuß der neben der Gipfelsäule thronenden Radarkuppel hat sich auf einem Wiesenstück der seltene Stern-Klee *(Trifolium stellatum)* angesiedelt.

Von der Gipfelsäule führt der größtenteils gepflasterte und mit einem Seilzaun gesicherte Weg zunächst zum Miradouro Ninho da Manta (Bussardnest) hinab. Im späten Frühjahr sind die felsigen Hänge um die eingezäunte Aussichtskanzel mit einem gelben Blütenmeer überzogen, neben dem Europäischen Stechginster *(Ulex europaeus)* hat sich vor allem der invasiv auftretende Besenginster *(Cytisus scoparius)* breitgemacht. In dem felsigen Terrain können u.a. auch Zweifarbiger Schöterich *(Erysimum bicolor)*, Felsen-Knabenkraut *(Orchis scopulorum)*, der seltene Madeira-Augentrost *(Odontites hollianus)* und nicht zuletzt prächtige Kolonien vom Stolz von Madeira *(Echium candicans)* entdeckt werden. Auch Dickblattgewächse wie Zottiges Aichryson *(Aichryson villosum)* und Mehlige Fetthenne *(Sedum farinosum)* sowie eine Unterart des Strauchigen Senf *(Sinapidendron frutescens* subsp. *frutescens)* haben sich an das raue Umfeld angepasst.

Vom Bussardnest verläuft der Weg spektakulär über einen gut gesicherten schmalen Grat zu einem weiteren Aussichtsplatz namens Pedra Rija hinab, an dem es einen aus dem Fels gehauenen kleinen Picknicktisch gibt.

Von hier geht man nach einer Rast wieder zum Pico do Arieiro zurück.

Am Miradouro Ninho da Manta.

Auf den Pico Ruivo führt ein gut ausgebauter Wanderweg.

Pico Ruivo

Ausgangspunkt: Achada do Teixeira, 1592 m
Länge: 5,5 km
Gehzeit: 2 Std. (hin und zurück)
Höhenunterschied: 270 m

Madeiras höchster Gipfel (1862 m) ist durch einen sehr gut ausgebauten Wanderweg (PR 1.2) erschlossen, der selbst von weniger geübten Wanderern begangen werden kann. Lediglich die Wetterlage sollte man im Auge behalten; im Hochgebirge können schnell Wolken aufziehen.
Startpunkt ist der große Wanderparkplatz Achada do Teixeira 9 km oberhalb von Santana (ausgeschildert mit Pico Ruivo). Dort beginnt ein fast durchgängig gepflasterter Pfad, auf dem nach drei Unterständen die bewirtschaftete Berghütte Casa de Abrigo erreicht wird. Im Bergfrühling (Mai/Juni) entfaltet sich am Wegrand Madeiras einzigartige Gebirgsflora. Auffällig sind neben großen Beständen der Gefiederten Wucherblume *(Argyranthemum pinnatifidum* subsp. *pinnatifidum)* und der Drüsigen Andryala *(Andryala glandulosa* subsp. *cheiranthifolia)* die ausladenden Blütenstände des Melanoselinum *(Melanoselinum decipiens)*; eher unscheinbar gibt sich der Schillernde Thymian *(Thymus caespititius)*, dessen violette Blüten sich nur wenige Zentimeter über dem felsigen Boden ausbreiten. Von der Berghütte wird auf etwas steilerem, doch weiterhin gutem Pfad nach 20 Minuten der Gipfel des Pico Ruivo erreicht. Dabei kommt man an etlichen alten Exemplaren der Baumheide vorbei. Im Gipfelbereich hat das extrem seltene Madeira-Veilchen *(Viola paradoxa)* in Felsspalten eine Nische gefunden.

Küsten- und Felsflora

Madeira ist keine Strandinsel. Rund 80% der etwa 150 km langen Küste sind schroff abfallende und vielerorts unzugängliche Steilküste. Etliche Kaps stürzen senkrecht zum Meer ab, darunter der 580 m hohe Cabo Girão. Am Fuß der Steilwände entstanden durch Felsstürze Schuttterrassen, sogenannte Fajãs.

Seit der Besiedlung der Insel vor 600 Jahren wird infolge der landwirtschaftlichen Nutzung die natürliche Flora der Küstenzone stark zurückgedrängt. Durch den gestiegenen Siedlungsdruck, vornehmlich an der Süd- und Ostküste, blieben von der ursprünglichen Vegetation mancherorts nur Restbestände erhalten.

Viele im Bereich der Küste vorkommende Arten sind meist niedriger als einen halben Meter, ein Indiz dafür, dass die Bedingungen dort nicht ganz einfach sind. Für die ansonsten mit Wasser gesegnete Blumeninsel zeigt sich das Land hier mitunter überraschend trocken, vor allem an der Südküste muss in den Sommermonaten die Vegetation mit relativ wenig Wasser auskommen.

In der Spritzwasserzone am Meer haben salztolerante Pflanzen ihren Lebensraum. Diese sogenannten Halophyten sind perfekt an das überwiegend trockene Milieu angepasst. Weder die salzhaltige Meeresluft noch die erhöhte Salzkonzentration im Boden können ihnen etwas anhaben. An unbesiedelten Abhängen und in schwer zugänglichen Schluchten dominieren zwei Vegetationsformen: der Ölbaumwald (port. Zambujal) und die Fischfang-Wolfsmilch-Gesellschaft. Der wild wachsende Madeira-Ölbaum *(Olea europaea* subsp. *maderensis)*, eine Unterart des europäischen Olivenbaums, wird durch den steigenden Siedlungsdruck allerdings mehr und mehr zurückgedrängt. Relativ häufig sieht man dagegen die Weidenblättrige Kugelblume *(Globularia salicina)* und die Schwarzaugen-Strohblume *(Helichrysum melaleucum);* im Frühjahr setzt der Prächtige Natternkopf *(Echium nervosum)* Akzente. Landschaftsprägend ist die Fischfang-Wolfsmilch *(Euphorbia piscatoria)*, sie ist durch ihren sukkulenten Charakter hervorragend an das relativ trockene Umfeld angepasst. Unmittelbar an der Küste siedeln verschiedene Distelarten sowie der mitunter bis in die Sprühzone anzutreffende Nacktkelch-Senf *(Sinapidendron gymnocalyx)*, auch gibt es ansehnliche Bestände der Drüsigen Andryala *(Andryala glandulosa)*.

Die Schmucklilie kam ursprünglich als Zierpflanze nach Madeira, heute siedelt sie vielerorts verwildert auf Küstenhängen.

Konkurrenz erhielt die lokale Flora im Einzugsbereich von Siedlungen auf ungenutzten Brachflächen. Aus Übersee eingeschleppte Arten wie die Amerikanische Agave *(Agave americana)* oder der ursprünglich in Mexiko beheimatete Feigenkaktus *(Opuntia ficus-indica)* kommen in dem trocken-warmen Küstenklima Madeiras bestens zurecht. Genauso wie das vielerorts wuchernde Spanische Rohr *(Arundo donax)* gelten diese als invasiv und besetzen Flächen, die ursprünglich einheimischen Arten vorbehalten waren. Auf Ruderalflächen konnten sich zudem Gartenflüchtlinge wie Kapuzinerkresse, Spornblume und verschiedene Winden ausbreiten.

Ein ganz eigenes Landschaftsbild vermittelt im äußersten Osten die Ponta de São Lourenço, eine Halbinsel, die wie ein ausgestreckter Finger etwa 8 km weit ins Meer ragt. Die maximal 160 m hohen Küstenfelsen stellen für die Passatwolken kein Hindernis dar, sodass diese mitunter böig darüber hinwegfegen, ohne etwas von ihrem kostbaren Nass zu verlieren. Die Halbinsel präsentiert sich daher den größten Teil des Jahres über »knochentrocken« und steht damit in auffälligem Kontrast zum Hauptteil der Insel. Abgesehen von einer Palmenoase und einem kleinen aufgeforsteten Drachenbaumhain wächst hier weder Baum noch Strauch. Doch nach ausreichenden winterlichen Niederschlägen macht sich auf den Küstenfelsen eine dünne Grasflur mit einer überraschend vielfältigen Flora breit, auch wenn diese selten über Kniehöhe hinauskommt. Neben der Milchfleckdistel *(Galactites tomentosus)*, der Kristall-Mittagsblume *(Mesembryanthemum crystallinum)* und dem Hornklee *(Lotus glaucus)* setzt in der Buschvegetation die Madeira-Levkoje *(Matthiola maderensis)* violette Farbtupfer, eine sehr seltene Strohblumenart *(Helichrysum devium)* ist ausschließlich hier zu Hause.

Eine Milchfleckdistelwiese hoch über der Südküste.

Salztolerante Arten an der Nordküste.

Fischfang-Wolfsmilch an den steil abfallenden Hängen im Westen.

Madeira-Ölbaum *(Olea europaea* subsp. *maderensis)* 1

Familie: *Ölbaumgewächse (Oleaceae)*
Portugiesischer Name: *zambujeiro, oliveira brava*
Blütezeit: *Mai – Juni*
Heimat: *Madeira-Endemit*

Diese Unterart des Olivenbaums *(O. europaea)* darf man sich nicht als besonders knorrige Baumgestalt vorstellen, wie man sie vielleicht aus den Mittelmeerländern kennt. Es gibt schon etliche größere und stämmige Exemplare, doch oft gleichen die Bäumchen eher einem Strauch.

Merkmale: Der immergrüne Baum erreicht eine Wuchshöhe von gut 3 m. Seine lanzettlichen Blätter sind lederartig und an der Oberfläche dunkler als auf der Unterseite. Die kleinen Blüten sind weiß bis cremefarben. Die Früchte (Oliven) färben sich während der Reifezeit von grün über hellrot zu schwarz; sie sind weitaus weniger fleischig als Kulturoliven, Öl wird daraus nicht gewonnen.

Verbreitung: Die Unterart kommt außer auf Madeira auch auf Porto Santo und den Desertas-Inseln vor. Obwohl der Madeira-Ölbaum der Pflanzengesellschaft des Ölbaumwaldes den Namen gibt, ist es nicht allzu gut um den Bestand bestellt. Der Baum kommt vornehmlich an teils nur schwer erreichbaren Hanglagen bis auf 500 m vor, etwa an der Ostküste unterhalb von Caniço, im Westen unterhalb von Prazeres und im Süden im Ribeira-Brava-Becken. Einfach entdecken kann man das Bäumchen im Jardim Núcleo de Dragoeiros das Neves in São Gonçalo.

Ähnliche Arten: Eng verwandt ist der Kanaren-Ölbaum *(O. cerasiformis)* **1a**, der außer auf Teneriffa auf den halbariden Inseln Lanzarote und Fuerteventura vorkommt. Kulturen des Echten Ölbaums *(O. europaea)* **1b** gibt es auf Madeira nicht, wohl aber etliche teils betagte Individuen. Eine kleine Gruppe steht mitten im Touristenviertel von Funchal beim Savoy Palace Hotel; etliche uralte Bäume können auch im Monte Palace Tropical Garden (S. 17) bestaunt werden – sie wurden 2002 in einer aufwendigen Aktion vom portugiesischen Festland nach Madeira umgesiedelt.

Azoren-Jasmin *(Jasminum azoricum)* 2

Familie: *Ölbaumgewächse (Oleaceae)*
Portugiesischer Name: *jasmineiro branco*
Blütezeit: *Mai – Oktober*
Heimat: *Madeira-Endemit*

Ein kletternder Zierstrauch, der nicht nur durch strahlend weiße Blüten, sondern auch durch einen betörenden Duft auf sich aufmerksam macht! Außer auf den Echten Jasmin trifft dies auch auf den Azoren-Jasmin zu.

Merkmale: Der immergrüne Kletterer erreicht eine Wuchshöhe von bis zu 2 m. Seine dünnen Stängel sind mit bis zu 10 cm langen, lederartigen Blättern besetzt. Die zahlreichen weißen Blüten, sie bestehen aus fünf Kronblättern, stehen in Büscheln eng beieinander.

Verbreitung: Obwohl der Azoren-Jasmin den Namen der benachbarten Inselgruppe trägt, gibt es ihn lediglich auf Madeira. Sein natürliches Vorkommen ist auf sehr wenige Standorte an schwer zugänglichen Abhängen oberhalb der Südküste begrenzt. Er wird jedoch in vielen Gärten kultiviert, u. a. im Botanischen Garten Funchal, im Jardim Núcleo de Dragoeiros das Neves in São Gonçalo und im Jardim Botânico Pequeno in Prazeres. In Mitteleuropa ist die Art eine beliebte Topfpflanze für den Wintergarten.

1

1a

1b

1

1b

2

Ähnliche Arten: Zur Gattung *Jasminum* werden mehr als 200 Arten gezählt, von denen der ursprünglich im Himalaja beheimate Echte Jasmin *(J. officinale)* **2a** der bekannteste ist. Seine Blüten werden in China seit alters her zum Aromatisieren von Grüntee verwendet, auch gewinnt man daraus ein ätherisches Öl für Parfüms. Außer *J. azoricum* und *J. officinale* ist in Madeiras Gärten auch der Weiße Jasmin *(J. polyanthum)* zu bewundern. Nicht weiß, sondern gelb blüht der vornehmlich auf den Kanaren heimische Wohlriechende Jasmin *(J. odoratissimum)* **2b**, ein makaronesischer Endemit, der vereinzelt auch auf Madeira und den Ilhas Desertas anzutreffen ist. Er duftet nicht ganz so intensiv wie der Azoren-Jasmin. Seine kleinen schwarzen Früchte sehen fast wie Oliven aus, wie alle anderen Jasmin-Arten ist auch er ein Ölbaumgewächs.

Fischfang-Wolfsmilch *(Euphorbia piscatoria)* 3

Familie: *Wolfsmilchgewächse (Euphorbiaceae)*
Portugiesischer Name: *figueira do inferno*
Blütezeit: *Januar – August*
Heimat: *Madeira-Endemit*

Beim portugiesischen Namen wurde kräftig ausgeholt. »Feigenbaum aus der Hölle« nennt man vor Ort dieses Wolfsmilchgewächs. An einen Feigenbaum erinnern zumindest die Blätter des Strauchs nicht, und mit der Hölle dürfte die Pflanze wohl ebenfalls nichts zu tun haben. Aufschlussreicher ist die in mehreren europäischen Sprachen übliche Bezeichnung Fischfang-Wolfsmilch. Chronisten berichteten, dass man den giftigen Milchsaft der Pflanze früher zum Fischen nutzte. Größere Mengen wurden davon in natürliche Meeresbecken gegeben; die damit betäubten Fische konnten dann relativ leicht gefangen werden. Interessanter als die Geschichten um die Namensgebung ist die Pflanze selbst. Sie gehört zu den Leitpflanzen der trockenen Küstenzone und macht nicht zuletzt durch teils bizarre Wuchsformen auf sich aufmerksam.

Merkmale: Der ausdauernde Strauch erreicht eine Wuchshöhe von 0,5–2 m. Seine verzweigten sukkulenten Äste sind im unteren Bereich blattlos. An den Zweigenden entfaltet sich ein rosettenförmiger Schopf aus spitz zulaufenden, schlanken Blättern, die in trockenen Sommern größtenteils abfallen. Im Zentrum der Blattrosette bilden sich aus grünlich-gelben Scheinblüten (Cyathien) kugelige Samenkapseln, ausgereift sind diese von rötlicher Farbe. Der giftige Milchsaft (die »Wolfsmilch«), findet sich vor allem in den Ästen der Pflanze, er verdirbt Pflanzenfressern den Appetit. Auch Wanderer sollten sich vorsehen: Kommen die Augen mit dem Milchsaft in Berührung (über Kontakt durch die Finger) können Verätzungen die Folge davon sein.

Verbreitung: Die Fischfang-Wolfsmilch kommt ausschließlich im Madeira-Archipel vor, außer auf der Hauptinsel auch auf Porto Santo und den Ilhas Desertas. In der trockenen Küstenzone tritt sie vielerorts landschaftsprägend auf, sie reicht von Meereshöhe bis in Lagen von 400 m hinauf (z. B. Levada Nova im Tabua-Tal). Große Populationen gibt es u. a. an den felsigen Hängen der Westküste bei Jardim do Mar und entlang des alten Fischersteigs Vereda do Pesqueiro unterhalb der Kapelle von Lombadinha.

Ähnliche Arten: Weniger häufig als die Fischfang-Wolfsmilch ist die Kleine Wolfsmilch *(E. exigua)* auf Madeira vertreten. Wie es der Name schon erklärt, fällt sie im Wuchs mit einer Höhe von kaum mehr als 20 cm deutlich kleiner aus.

2a

2b

3

3

3

Wunderbaum *(Ricinus communis)* 4

Familie: *Wolfsmilchgewächse (Euphorbiaceae)*
Portugiesischer Name: *rícino, carrapateira*
Blütezeit: *Februar – Oktober*
Heimat: *Nordafrika, Naher Osten*

Bei der auch unter dem Namen Rizinus bekannten Kultur- und Zierpflanze denkt man zunächst an ihre medizinische Anwendung. Rizinusöl war lange Zeit das Abführmittel schlechthin. Wegen des niedrigen Gefrierpunktes wird es heute vor allem als Schmieröl und für andere technische Zwecke eingesetzt. In Ägypten wurde die Pflanze schon vor 4000 Jahren kultiviert.

Merkmale: Der mitunter stark wuchernde Strauch kann bis zu 3 m hoch werden. Seine attraktiven sternförmigen Blätter sitzen an langen Stielen. Die Blütenrispen sind unscheinbar. Dafür ziehen die kugelförmigen, stachligen Kapselfrüchte die Blicke auf sich. Ihre Samen sind hochgiftig – drei bis vier davon können bei Kindern tödlich sein. Die Giftstoffe sind jedoch nicht in Öl löslich.

Verbreitung: Als Kulturflüchtling kommt der Rizinus verwildert in den ganzen Tropen und Subtropen vor. Auf Madeira ist er eingebürgert und säumt bis in Höhenlagen von 400 m Straßenränder, auch besiedelt er Schutthalden und den Grund von Schluchten. In Mitteleuropa wird der Strauch als Zierpflanze kultiviert.

Kanarischer Drachenbaum *(Dracaena draco)* 5

Familie: *Spargelgewächse (Asparagaceae)*
Portugiesischer Name: *dragoeiro*
Blütezeit: *Juli – September*
Heimat: *makaronesischer Endemit*

Die bizarre Gestalt könnte eine hervorragende Kulisse für einen Fantasyfilm abgeben. »Tausendjähriger Baum« wird ein auf Teneriffa beheimatetes Prachtexemplar genannt (in Wirklichkeit dürfte es allerdings »nur« um die 400 Jahre alt sein). Außer auf den Kanaren sind etliche betagte Exemplare des archaisch anmutenden Drachenbaums auch auf Madeira zu finden.

Merkmale: Der immergrüne Drachenbaum wird bis zu 20 m hoch. Er zeichnet sich durch eine schirmartige Krone mit einem dichten Geflecht aus etwas plump wirkenden Ästen aus, an deren Ende sich ein Schopf aus bis zu 60 cm langen, schwertförmigen Blättern bildet. Der Baum blüht zum ersten Mal nach 10 bis 12 Jahren und verzweigt sich dann. Bis zur nächsten Verzweigung braucht es wieder so viele Jahre. Da der Baum keine Jahresringe aufweist, kann sein Alter nur grob nach der Anzahl der Verästelungen bestimmt werden. Aus den eher unscheinbaren grün-weißen Blüten bilden sich rot-braune Samen. Der Stamm enthält ein dunkelrotes Harz, sogenanntes »Drachenblut«, das früher medizinische Verwendung fand.

Verbreitung: Obwohl Kanarischer Drachenbaum genannt, ist der Baum auch auf den Kapverden und Madeira vertreten, Unterarten gibt es auf Gran Canaria und in Marokko. Auf Madeira wird er in zahlreichen Gärten kultiviert. Ältere Bäume stehen im Jardim Núcleo de Dragoeiros das Neves in São Gonçalo (S. 18). Ein ehrwürdiges Exemplar thront auf einer Klippe im Hotelgarten des Nobelhotels Reid's in Funchal. Ein weiterer alter Baum steht in der Quinta das Cruzes in Funchal (Rua das Cruzes). Oberhalb einer kleinen Bucht östlich von Caniçal begann man vor gut 20 Jahren mit der Aufforstung eines Drachenbaumhains mit etwa drei Dutzend Exemplaren.

4

5

5

5

Madeira-Blaustern *(Scilla maderensis* syn. *Autonoe maderensis)* 6

Familie: *Spargelgewächse (Asparagaceae)*
Portugiesischer Name: *cila da Madeira*
Blütezeit: *Oktober – Dezember*
Heimat: *Madeira-Endemit*

Dem prächtigen Winterblüher sieht man es nicht an, dass er eine Giftpflanze ist, vor allem von der Zwiebel sollte man die Finger lassen. Die Blütenfarbe des Spargelgewächses gleicht der des Amethysts, des berühmten Quarzkristalls.

Merkmale: Die krautige Pflanze wird 25–50 cm hoch. Aus einer großen Zwiebel wachsen bis zu 30 cm lange, spitz zulaufende schmale Blätter heran. Der traubige Blütenstand setzt sich aus zahlreichen hellvioletten Sternblüten zusammen. Die Zwiebel enthält giftige Glykoside.

Verbreitung: Der seltene Endemit ist von der Küste bis auf etwa 900 m zu Hause, vornehmlich an kaum zugänglichen Felshängen und Schuttterrassen an der West- und Nordküste. Außer auf Madeira gibt es einige wenige Standorte auf Porto Santo und Deserta Grande. Kultiviert steht der Blaustern u. a. im Botanischen Garten von Funchal, im Núcleo dos Dragoeiros das Neves in São Gonçalo und im Jardim Botânico Pequeno in Prazeres.

Ähnliche Arten: Auf den Kanaren kommen der Breitblättrige Blaustern *(S. latifolia)* 6a und der Rotschäftige Blaustern *(S. haemorrhoidalis)* vor, beide blühen ebenfalls im Winter. Der Peru-Blaustern *(S. peruviana)* 6b ist entgegen seinem Namen nicht in Südamerika beheimatet, sondern im westlichen Mittelmeerraum und an der nordwestafrikanischen Küste. Im gemäßigten Klima Mitteleuropas ist der Sibirische Blaustern *(S. siberica)* ein viel bewunderter Frühblüher in Parks, berühmt ist die Blausternblüte am Lindener Berg in Hannover.

Echter Feigenkaktus *(Opuntia ficus-indica)* 7

Familie: *Kakteengewächse (Cactaceae)*
Portugiesischer Name: *tabaibeira, figueira da Índia u. a.*
Blütezeit: *Juni – September*
Heimat: *vermutlich Mittelamerika*

Der allerorten in der Küstenzone verbreitete Feigenkaktus war ursprünglich nicht auf Madeira heimisch, er wurde aus Übersee als Nutzpflanze eingeführt. Die essbaren Kaktusfeigen finden allerdings angesichts des großen Angebots anderer Früchte heute nur noch wenige Abnehmer. Feigenkakteen sind ausgesprochen robust und überstehen auch längere Trockenperioden. Durch ihren invasiven Charakter verdrängen sie vielfach andere Pflanzen. Auf den Kanaren nutzte man den Feigenkaktus im 19. Jahrhundert vor allem als Wirtspflanze für die Koschenillezucht.

Merkmale: Der Feigenkaktus wird 2–4 m hoch, seine scheibenförmigen sukkulenten Stängelglieder können bis zu 60 cm lang werden. Aus der gelben bis orangeroten Blüte am Rand der stark von Borsten besetzten Kaktusscheiben reift die vielsamige Kaktusfeige heran.

Verbreitung: Die Art ist auf Madeira eingebürgert. Sie wächst verwildert an trockenen Küstenstandorten rund um die Insel bis in Lagen von 400 m. Größere Kolonien gibt es u. a. an der Ostküste unterhalb von Caniço und an der Nordküste in den Hanglagen unterhalb von São Jorge.

Ähnliche Arten: Ebenfalls auf Madeira verbreitet ist der ursprünglich in der Karibik beheimatete *O. tuna*, er unterscheidet sich von *O. ficus-indica* durch kleinere Stängelglieder.

6

6a

6b

7

7

Spanisches Rohr *(Arundo donax)* 8

Familie: *Süßgräser (Poaceae)*
Portugiesischer Name: *cana vieira, cana de roca*
Blütezeit: *August – Oktober*
Heimat: *vermutlich Zentralasien (im Mittelmeerraum ist es seit der Antike bekannt)*

Das auch als Pfahlrohr oder Riesenschilf bekannte Süßgras macht optisch vor allem durch seine Größe auf sich aufmerksam. Auf den ersten Blick meint man, Zuckerrohr oder Bambus vor sich zu haben. Das anspruchslose Süßgras wächst vornehmlich in der Küstenzone und gehört dort zu den am weitesten verbreiteten Pflanzen. Die Halme werden auf Madeira u.a. als Bohnenstangen oder zum Bau provisorischer Zäune genutzt.

Merkmale: In Europa wird das 2–6 m hohe Rohr in der Wuchshöhe von keinem anderen Gras übertroffen. Die schnell wachsenden, holzigen Halme erreichen einen Durchmesser von fast 4 cm, an der Spitze bilden sich bis zu 50 cm lange, rispenförmige Blütenstände. Die schmalen Laubblätter können bis zu 60 cm lang sein, sie sind an den Kanten leicht scharf und in der Regel überhängend.

Verbreitung: Das Spanische Rohr ist in allen subtropischen Zonen zu Hause. In Madeira siedelt es bis in Lagen von etwa 750 m Höhe, bevorzugt steht es an Bachläufen und auf feuchten Brachflächen. Vielerorts wird das Süßgras wegen der invasiven Ausbreitung bekämpft. Doch ist erst einmal eine Fläche davon »befallen«, sind die kriechenden Sprossachsen (Rhizome) kaum wieder aus dem Boden zu bekommen.

Zuckerrohr *(Saccharum officinarum)* 9

Familie: *Süßgräser (Poaceae)*
Portugiesischer Name: *cana de açúcar, cana sacarina*
Blütezeit: *Dezember – Januar*
Heimat: *malaiischer Archipel, Melanesien (Neuguinea)*

Madeira war einmal eine Zuckerinsel. Gleich nach der Ankunft der ersten portugiesischen Siedler begann man in der Küstenzone in großem Stil mit dem Anbau von Zuckerrohr. Zucker war zu jener Zeit ein Luxusprodukt und versprach ein profitables Geschäft. Doch der Zuckerboom hatte für Madeira einen der größten Eingriffe in das Ökosystem zur Folge. Für den Anbau wurden weite Teile der Küstenzone gerodet und in Lagen von bis zu 400 m terrassiert. Zur Bewässerung der Plantagen baute man die ersten Levadas, die das Wasser aus dem Bergland auf die Felder leiteten. Um die Zuckermühlen zu befeuern, wurde ein nicht unbeträchtlicher Teil der Wälder abgeholzt. Das Geschäftsmodell funktionierte gut 100 Jahre, bis sich im 16. Jahrhundert der Zuckerrohranbau in die Karibik und nach Südamerika verlagerte.

Merkmale: Das Süßgras wird auf Madeira 1,5–3 m hoch. Sein in Knoten gegliederter Halm (Rohr) mit bis zu fast 5 cm Durchmesser gleicht dem Bambus oder dem auf Madeira weitverbreiteten Spanischen Rohr (s. o.). Die Blätter sind schmal, doch fast 2 m lang. Der Zuckeranteil in den Halmen beträgt 10 bis 20%.

Verbreitung: Zuckerrohrfelder gibt es auf Madeira vornehmlich noch im Raum von Lombada da Ponta do Sol (z. B. entlang der Levada Nova) und an der Nordküste nahe den Ortschaften Faial und Porto da Cruz. Dort wird in der letzten verbliebenen Zuckermühle in kleinem Umfang Rum destilliert, beigemischt findet er sich u. a. in der Poncha, dem »Nationalgetränk« Madeiras. Auch ein Zuckerrohrsirup namens »Mel de Cana« ist im Handel, mit diesem wird u. a. ein Kuchen, der »Bolo de Mel de Cana«, gesüßt.

8

9

8

9

Bananen-Maracuja
(Passiflora tripartita var. *mollisima* syn. *P. mollissima)* **10**

Familie: *Passionsblumengewächse (Passifloraceae)*
Portugiesischer Name: *maracujá banana*
Blütezeit: *fast ganzjährig*
Heimat: *Südamerika (Kolumbien, Ecuador)*

Hier haben wir es mit einem typischen Gartenflüchtling zu tun. Das in den Andenländern Südamerikas beheimate Lianengewächs kam ursprünglich als Nutzpflanze nach Madeira. Heute will die wenig aromatischen Früchte jedoch kaum noch jemand essen, in kleinem Umfang gibt es sie aber nach wie vor auf lokalen Märkten. Der Kletterer breitet sich vornehmlich im Bereich von Siedlungen auch ohne gärtnerische Pflege aus.

Merkmale: Die Bananen-Maracuja ist ein lianenartiges Klettergewächs, ihre mehrere Meter langen Ranken winden sich Sträucher und kleine Bäume hinauf. Die auffälligen rosa Blüten hängen an bis zu 10 cm langen Stielen »kopfüber« herab. Die Pflanze blüht und fruchtet zu gleicher Zeit, die unreif grünen, ausgereift blassgelben Früchte (Beeren) haben die Form einer kleinen Banane. Das Fruchtfleisch ist mit braunroten Samen durchsetzt.

Verbreitung: Die Bananen-Maracuja wächst auf Madeira vielerorts wild, ihr Verbreitungsgebiet reicht von der Küste bis in den Lorbeerwald hinein, nahe dem Kraftwerk Fajã da Nogueira ist sie noch in Lagen von 700 m anzutreffen. Oft zu sehen bekommt man sie u. a. rund um Camacha an der Levada dos Tornos (z. B. am Jasmin Tea House) sowie an der Levada da Ribeira da Janela.

Ähnliche Arten: Eine prominente Verwandte ist die oft einfach nur Maracuja genannte Passionsfrucht *(P. edulis)*, von der es zwei Formen gibt. Wie auch die Bananen-Maracuja sind beide rankende Kletterpflanzen mit wunderschönen Blüten. Sie unterscheiden sich jedoch hinsichtlich der Größe der Beeren: *P. edulis* f. *flavicarpa* **10a** bringt grüne Beeren von der Größe eines Hühnereis hervor; die Beeren von *P. edulis* f. *edulis* sind runder und etwas kleiner und haben eine braun-violette Schale. Letztere schmecken ausgereift am besten, wenn die Schale bereits leicht runzelig ist. Passionsfrüchte werden auf Madeira für den lokalen Bedarf angebaut.

Madeira-Kathstrauch
(Maytenus umbellata syn. *M. dryandri, Catha dryandri)* **11**

Familie: *Spindelbaumgewächse (Celastraceae)*
Portugiesischer Name: *buxo-da-rocha*
Blütezeit: *Oktober – Januar*
Heimat: *Madeira-Endemit*

Der deutsche Name für diesen Küstenbewohner ist nicht weit verbreitet, vielfach nennt man ihn nur nach dem Gattungsnamen *Maytenus*. Seine hübschen Blüten zeigt der Madeira-Kathstrauch vom Spätherbst bis in den Winter hinein.

Merkmale: Der immergrüne Strauch wird bis zu 2 m hoch. Die ledrig-glänzenden Blätter sind elliptisch und stumpf, die dekorativen weiß-gelblichen Blüten stehen an kurzen Stielen. Typisch sind die kugeligen Früchte mit einem Durchmesser von etwa 1 cm.

Verbreitung: Der relativ seltene Endemit kommt in der Küstenzone bis auf etwa 400 m vor, außer auf Madeira ist er auch auf den Nachbarinseln Porto Santo und Deserta Grande zu Hause; sehen kann man ihn im Garten der Quinta Pedagógica in Prazeres.

10

10a

10

10a

11

11

Färberwaid *(Isatis tinctoria)* 12

Familie: *Kreuzblütler (Brassicaceae)*
Portugiesischer Name: *pastel*
Blütezeit: *März – Juni*
Heimat: *Vorderasien (Türkei u. a.), Nordafrika*

Der Name weist auf die frühere Bedeutung als Färberpflanze hin. Im Mittelalter wurde der Färberwaid in Frankreich und Deutschland angebaut. Nicht aus den senfgelben Blüten, sondern aus den Blättern gewann man einen in der Textilindustrie begehrten indigoblauen Farbstoff. Das wirtschaftliche Aus für die auch als »blaues Wunder« und »blaues Gold« bekannte Pflanze kam im 17. Jahrhundert, als ein noch farbintensiveres Mittel aus der tropischen Indigopflanze *(Indigofera tinctoria)* auf den Markt kam. Dieses wurde ab 1897 durch synthetisches Indigo verdrängt.

Merkmale: Die zweijährige Pflanze wird 0,5–1,5 m hoch. Die aufrechten Stängel tragen lanzettliche Laubblätter, die Blütenstände eine Vielzahl gelber Blüten.

Verbreitung: Die Pflanze wächst heute in Europa vielerorts wild. Nach Madeira kam sie als Nutzpflanze bereits mit den ersten portugiesischen Siedlern. Sie steht vornehmlich an der Südküste in Lagen unter 400 m, beispielsweise in den Tälern von Tabua und Ribeira Brava.

Nacktkelch-Senf *(Sinapidendron gymnocalyx)* 13

Familie: *Kreuzblütler (Brassicaceae)*
Portugiesischer Name: *couve da rocha*
Blütezeit: *April – September*
Heimat: *Madeira-Endemit*

Der Nacktkelch-Senf ist eine von fünf Senfarten auf Madeira. Durch seine großen Blätter ist er leicht von den anderen Gelbblühern zu unterscheiden.

Merkmale: Der ausdauernde Halbstrauch wird 0,3–1,5 m hoch. Er fällt durch außergewöhnlich große Niederblätter auf, die eiförmig bis rundlich sind und unregelmäßig gezähnt. Die vier Kronblätter der senfgelben Blüte mit purpurfarbenem Nagel sind, wie bei Kreuzblütlern typisch, zu einem Kreuz angeordnet.

Verbreitung: Der Lebensraum reicht von der Sprühzone an der Nordküste (z. B. Calhau) bis in Lagen von etwa 300 m hinauf. Bevorzugte Standorte sind felsige Hanglagen.

Ähnliche Arten: Der Schmalblättrige Senf *(S. angustifolium)*, ein weiterer Madeira-Endemit, hebt sich von anderen Senfarten durch seine schmalen Blätter ab. Er ist relativ häufig an der Südküste anzutreffen.

Madeira-Levkoje *(Matthiola maderensis)* 14

Familie: *Kreuzblütler (Brassicaceae)*
Portugiesischer Name: *goivo da rocha*
Blütezeit: *Februar – Oktober*
Heimat: *Madeira-Endemit*

Die nur im Madeira-Archipel vorkommende Levkojen-Art ist ein Aushängeschild der lokalen Flora. Sie blüht das ganze Sommerhalbjahr, sodass man gute Chancen hat, ihre violetten Blüten bewundern zu können. Das anspruchslose Gewächs kommt ohne viel Erde aus, mitunter wächst es aus Felsspalten heraus.

12

13

13

13

14

Merkmale: Die krautige Pflanze erreicht eine Höhe von knapp 1 m, in relativ trockenen Zonen kommt sie jedoch meist nicht über einen halben Meter hinaus. Die aufrecht stehenden Stängel wachsen aus einer Blattrosette empor. Die Blätter sind glattrandig, bis zu 25 cm lang und von einem grau-weißlichen dünnen Flaum überzogen. Die zart duftenden Blüten sind meist violett, bisweilen auch weiß.
Verbreitung: Der Lebensraum des salzresistenten Kreuzblütlers ist auf die Küstenzone begrenzt, nur selten wird man die Pflanze auf über 100 m Höhe antreffen. Weit verbreitet ist die Madeira-Levkoje am viel begangenen Wanderweg auf der Halbinsel São Lourenço (S. 28). Als Zierpflanze wird sie auch in Kübeln gehalten.
Ähnliche Arten: Fast zum Verwechseln ähnlich sieht der Zweifarbige Schöterich *(Erysimum bicolor)* aus (S. 146, Gebirgsflora).

Madeira-Ringelblume *(Calendula maderensis)* 15

Familie: *Korbblütler (Asteraceae)*
Portugiesischer Name: *vaqueira*
Blütezeit: *Dezember – Juni*
Heimat: *Madeira-Endemit*

In Gärten und Parks füllt die Madeira-Ringelblume mit ihren leuchtend gelben Blütenköpfchen ganze Rabatten aus, in freier Natur muss man sie allerdings suchen. Ihre Verwandte, die Garten-Ringelblume *(C. officinalis)*, gilt seit alters her als Heilpflanze. Aus ihr werden u. a. wundheilende Salben hergestellt.
Merkmale: Die krautige Pflanze wird 20–40 cm hoch. Sie hat ungestielte schmale Blätter, die an der Spitze stumpf sind. Der Blütenkorb ist mit orangeroten Röhrenblüten gefüllt und wird von gelben Zungenblüten eingefasst.
Verbreitung: Wild kommt die Madeira-Ringelblume vornehmlich an der Nordküste, auf der Halbinsel São Lourenço und auf den Desertas-Inseln vor. Angepflanzt steht sie in vielen Gärten und Parks, u. a. im Parque de Santa Catarina in Funchal, im Hotelpark der Quinta Splendida in Caniço und im Jardim Botânico Pequeno in Prazeres.

Wilde Artischocke *(Cynara cardunculus)* 16

Familie: *Korbblütler (Asteraceae)*
Portugiesischer Name: *cardo, pencas*
Blütezeit: *Mai – September*
Heimat: *Mittelmeerraum*

Die Blüteperiode der Wilden Artischocke beginnt im Frühsommer, wenn viele andere Frühblüher an der Küste bereits ihre beste Zeit hinter sich haben. Was unten (S. 54) zur Sparrigen Distel gesagt wird, gilt noch mehr für die Wilde Artischocke: Zumindest zur Blüte ist sie ausgesprochen attraktiv.
Merkmale: Die distelähnliche Pflanze wird 20–80 cm groß. Sie schützt ihre gefiederten Blätter durch lange gelbe Dornen, auch die unteren Hüllblätter der Blüte enden in einem zentimeterlangen Dorn. Der auffällig große Blütenkorb wird von dicht an dicht beieinanderstehenden lila Röhrenblüten gefüllt.
Verbreitung: Im Sommer setzt die Wilde Artischocke auf trockenen Brachflächen leuchtende Farbtupfer, u. a. ist sie an der Südküste und der Ponta de São Lourenço zu sehen.

14

15

16

Madeira-Strauchflockenblume *(Cheirolophus massonianus)* 17

Familie: *Korbblütler (Asteraceae)*
Portugiesischer Name: *nicht vorhanden*
Blütezeit: *Mai – Juni*
Heimat: *Madeira-Endemit*

Die Madeira-Strauchflockenblume ist eine botanische Rarität. Die nur auf der Blumeninsel vorkommende Art galt schon als ausgestorben, bis man in schwer zugänglichem Terrain wieder einige Individuen entdeckte – in freier Natur wird der Bestand des hübschen Korbblütlers auf gerade mal 200 Individuen geschätzt.

Merkmale: Der ausdauernde Halbstrauch wird 30–70 cm hoch. Der kugelige Blütenkopf am Ende des langen Stängels setzt sich aus feinen purpurfarbenen Röhrenblüten zusammen.

Verbreitung: Die Madeira-Strauchflockenblume ist ein extrem seltener Endemit, wild wachsend kommt sie lediglich an Felshängen oberhalb der Südküste vor. Kultiviert findet man den Korbblütler im Botanischen Garten von Funchal.

Ähnliche Arten: Auf den Kanarischen Inseln sind 16 lokal begrenzte Strauchflockenblumenarten bekannt, die sich in Blattform und Blütenfarbe voneinander abheben. Ein Teneriffa-Endemit ist die purpurrot blühende Kanaren-Strauchflockenblume *(C. canariensis)*; die Gomera-Flockenblume *(C. satarataensis)* trägt ein cremefarbenes Blütenköpfchen. Wild wachsend sind die meisten der Arten gefährdet.

Drüsige Andryala *(Andryala glandulosa)* 18

Familie: *Korbblütler (Asteraceae)*
Portugiesischer Name: *andríala, bofe de burro, flor de coelho u. a.*
Blütezeit: *April – August*
Heimat: *makaronesischer Endemit*

Der klebrige Korbblütler, zuweilen auch Goldlackblättrige Wolldistel genannt, ist mit zwei Unterarten auf Madeira vertreten: Die eine siedelt unmittelbar an der Küste, die andere reicht im Zentralmassiv bis an den Fuß des Pico Ruivo hinauf und überzieht dort während des Bergfrühlings zusammen mit Wucherblumen und Ginster die felsigen Abhänge mit einem reichen Blütenteppich.

Merkmale: Der strauchförmige Korbblütler erreicht eine Wuchshöhe von 50–100 cm. Die klebrigen Stängel und zugespitzten länglichen Blätter sind mit einem dichten Flaum aus weißlichen Drüsenhaaren überzogen, über welche die Pflanze ihre klebrige Substanz abgibt. Der »Klebstoff« hat die Funktion, Fraßschädlinge abzuwehren. Die 2–3 cm großen Blütenkörbchen sind mit goldgelben Zungenblüten gefüllt.

Verbreitung: *A. glandulosa* subsp. *glandulosa* **18a** ist ein recht häufiger Küstenbewohner, der versalzte Böden gut verträgt und auch sprühender Gischt trotzt. Leicht finden kann man ihn an der Nordküste, etwa in Porto da Cruz, Fajã da Rocha do Navio und am alten Königsweg in Calhau. Der Strauch ist auch auf der Halbinsel São Lourenço und an den steilen Abhängen der Westküste unterhalb von Ponta do Pargo präsent. Von *A. glandulosa* subsp. *cheiranthifolia* **18b** gibt es u. a. große Bestände am Wanderweg von Achada do Teixeira zum Pico Ruivo.

Ähnliche Arten: Weitere Andryala-Arten kommen auf den Kanarischen Inseln vor, u. a. die Fiederspaltige Andryala *(A. pinnatifida)*, die dort mehrere Unterarten ausgebildet hat und bis in die subalpine Stufe hinaufreicht.

17

18a

18b

18a

Sparrige Distel *(Carduus squarrosus)* 19

Familie: *Korbblütler (Asteraceae)*
Portugiesischer Name: *cardo*
Blütezeit: *April – August*
Heimat: *Madeira-Endemit*

Disteln werden von Gärtnern und Bauern oft als lästiges und dazu noch stacheliges Unkraut angesehen. Ihren hübschen Blütenkörbchen ist allerdings ein gewisses Etwas nicht abzusprechen. Und ihre Dornen sind nicht etwa gegen den Menschen gerichtet, sondern lediglich eine Abwehrstrategie, um ungebetene Pflanzenfresser auf Distanz zu halten. Die nur auf Madeira anzutreffende Sparrige Distel gehört zur Gattung der Ringdisteln. Diese kommen weltweit in etwa 90 Arten vor und lassen sich teilweise nur schwer auseinanderhalten.

Merkmale: Die aufrecht stehende Distel wird bis 1,2 m hoch. Sowohl die Stängel als auch die gezackten Blätter sind mit unzähligen kleinen Dornen bewehrt, die Blütenköpfchen sind weiß.

Verbreitung: Der Madeira-Endemit ist überwiegend in Meeresnähe (z. B. Ponta do Clérigo, Fajã Quebrada Nova und an der Mündung der Ribeira da Janela) anzutreffen. Er findet sich darüber hinaus auch in der Lorbeerwaldstufe, auf dem Paul da Serra (z. B. nahe beim Forsthaus Estanquinhos) und im Zentralmassiv (z. B. vor dem Tunnel Pico do Gato auf 1600 m).

Ähnliche Arten: Die gelb blühende Gefleckte Golddistel *(Scolymus maculatus)* **19a** wanderte aus dem Mittelmeerraum nach Madeira ein. Ihr Lebensraum begrenzt sich auf die Küstenzone, u. a. sieht man sie auf der Halbinsel São Lourenço, darüber hinaus kommt sie auch auf Porto Santo vor.

Schwarzaugen-Strohblume *(Helichrysum melaleucum)* 20

Familie: *Korbblütler (Asteraceae)*
Portugiesischer Name: *perpétua-branca*
Blütezeit: *März – Juni*
Heimat: *Madeira-Endemit*

Zur Gattung der Strohblumen *(Helichrysum)* gehören weltweit rund 600 Arten, viele davon sind in Südafrika und Madagaskar beheimatet, einige wenige auch rund ums Mittelmeer. Auf Madeira gibt es davon ebenfalls mehrere Vertreter, neben der Stinkenden Strohblume (S. 104) und der ebenfalls an der Küste verbreiteten Kegelkopf-Strohblume (S. 56) auch die oft zu sehende Schwarzaugen-Strohblume. Im Gebirge siedelt sie oft am Fuß von Felswänden.

Merkmale: Der ausdauernde Halbstrauch wird 30–50 cm hoch. Seine Blätter sind von einem dichten weißgrauen Flaum überzogen. Der Korbblütler trägt halbkugelförmige cremefarbene Blütenköpfchen, deren Mittelpunkt ein Auge aus fast schwarzen Röhrenblüten bildet.

Verbreitung: Die anpassungsfähige Art reicht von der Küste bis ins Hochgebirge hinauf; zu sehen ist sie z. B. an der Boca do Risco am Fuß des Pico Grande und nahe dem Miradouro Ninho da Manta am Pico do Arieiro (S. 30). An der Küste steht sie u. a. in Calhau (unterhalb von São Jorge) und auf der Fajã Quebrada Nova.

Ähnliche Arten: Sehr selten und fast ausschließlich auf die schwer zugänglichen Felshänge auf der Halbinsel São Lourenço begrenzt ist *H. devium*. Während die Blätter von *H. melaleucum* nur von einer Ader durchzogen sind, hat *H. devium* drei Blattadern.

19

19

19a

20

Kegelkopf-Strohblume *(Helichrysum obconicum)* 21

Familie: *Korbblütler (Asteraceae)*
Portugiesischer Name: *murrião, perpétua*
Blütezeit: *August – Oktober*
Heimat: *Madeira-Endemit*

Während die Schwarzaugen-Strohblume (S. 54) in höheren Lagen siedelt, ist die Kegelkopf-Strohblume sehr gut an das trockene Küstenklima angepasst, man sieht sie vor allem an sonnigen Standorten. Anhand der halbkegeligen Köpfchen kann man sie einfach bestimmen und auch nach der sommerlichen Blühperiode sind die vertrockneten Blütenstände noch lange am Strauch zu sehen.
Merkmale: Der ausdauernde kleine Strauch wird bis zu 60 cm hoch. Zweige und die elliptisch bis eiförmigen, fleischigen Blätter sind von einem weißlichen Filz überzogen. Der Korbblütler unterscheidet sich von seinen Verwandten durch kegelförmige Blütenköpfchen und gelbe bis goldbraune Blüten.
Verbreitung: Die Art ist an felsigen Standorten in der Küstenzone relativ häufig anzutreffen, reicht jedoch selten über die 100-Meter-Grenze hinauf. Kultiviert findet man die Strohblume u. a. im Jardim Botânico Pequeno in Prazeres und im Jardim Núcleo de Dragoeiros das Neves in São Gonçalo.

Milchfleckdistel *(Galactites tomentosus)* 22

Familie: *Korbblütler (Asteraceae)*
Portugiesischer Name: *cardo, galactite*
Blütezeit: *Februar – September*
Heimat: *Mittelmeerraum*

Wenn Gefahr durch Fressfeinde droht, müssen Pflanzen Strategien entwickeln, um diese abzuwehren. Milchfleckdisteln und ihre pieksigen Verwandten machen das sehr gut, wer will sich schon an spitzen Dornen das Maul aufreißen! Im Sommer, wenn die meisten Küstenpflanzen Madeiras Pause machen, hat die Milchfleckdistel zusammen mit Golddistel, Wilder Artischocke und anderen dornigen Korbblütlern ihren Auftritt, sie kann mitunter ganze Hänge besiedeln.
Merkmale: Die Milchfleckdistel wird 20–100 cm hoch. Ihre spitzen Blätter sind mit langen Dornen bewehrt und, vornehmlich an der Basis, weiß gefleckt, wodurch sich auch der Name erklärt. Die dünnen Röhrenblüten erstrahlen in hellem Lila.
Verbreitung: Die auf Madeira weit verbreitete Distel besiedelt in der Küstenzone Brachflächen und Wegränder; mitunter ist sie auch in Höhenlagen von über 1000 m anzutreffen.

Weidenblättrige Eberwurz *(Carlina salicifolia)* 23

Familie: *Korbblütler (Asteraceae)*
Portugiesischer Name: *carlina*
Blütezeit: *Juni – August*
Heimat: *makaronesischer Endemit*

In Mitteleuropa hat die Weidenblättrige Eberwurz mit der Silberdistel *(C. acaulis)* und der Golddistel *(C. vulgaris)* zwei prominente Verwandte. Sie kann ihre Zugehörigkeit zu den Disteln nicht verbergen. Ihre Schönheit zeigt sie nur zur Blüte im Sommer, die übrige Zeit des Jahres ist sie zerzaust und vertrocknet.

21

22

22

23

23

Merkmale: Der immergrüne Strauch wird bis zu 1 m groß. Die weidenartigen Blätter sind an den Rändern und der Spitze mit Dornen bewehrt; das etwa 3,5 cm breite Blütenkörbchen ist mit zitronengelben Röhrenblüten gefüllt.
Verbreitung: Die Weidenblättrige Eberwurz kommt außer im Madeira-Archipel auch auf den Kanaren vor, wo sie verschiedene Unterarten gebildet hat. Der Korbblütler hat sich gut an die unterschiedlichen Mikroklimate der Inseln angepasst, auf Madeira siedelt er sowohl unmittelbar an der Küste als auch im Gebirge in Lagen bis zu 1700 m (z. B. am Fuß des Pico Grande); in Gärten bekommt man das stachlige Gewächs u. a. im Núcleo de Dragoeiros das Neves und im Jardim Botânico Pequeno in Prazeres zu sehen.

Madeira-Beifuß *(Artemisia argentea)* 24

Familie: *Korbblütler (Asteraceae)*
Portugiesischer Name: *losna*
Blütezeit: *Mai – Juli*
Heimat: *Madeira-Endemit*

Auch wenn er gerade nicht blüht, macht der Madeira-Beifuß auf sich aufmerksam, und zwar durch seinen aromatischen Duft. Nicht von ungefähr wird sein kanarischer Verwandter *(A. thuscula)* Kanarischer Weihrauch genannt. In der Naturheilkunde ist der Madeira-Beifuß ein Hausmittel bei Magenbeschwerden.
Merkmale: Der ausdauernde Strauch erreicht eine Wuchshöhe von bis zu 1 m. Seine gefiederten schmalen Blätter sind von einem haarigen Flaum überzogen, sie beherbergen die für den Duft verantwortlichen ätherischen Öle. Zerreibt man ein Blatt zwischen den Fingern, verstärkt sich das Aroma. Die murmelgroßen blassgelben Blütenköpfchen hängen in großer Zahl an dünnen Stängeln.
Verbreitung: Außer auf der Hauptinsel kommt der Madeira-Beifuß auch auf Porto Santo und den vorgelagerten Desertas-Inseln vor. Er siedelt vornehmlich an sonnigen und trockenen Standorten über den Südküsten bis in Lagen von 500 m.

Blutrotaugige Wucherblume *(Argyranthemum haematomma)* 25

Familie: *Korbblütler (Asteraceae)*
Portugiesischer Name: *estrelas, malmequeres*
Blütezeit: *Mai – Juli*
Heimat: *Madeira-Endemit*

Von dem halben Dutzend auf Madeira heimischen Wucherblumen – sie ähneln stark den in Mitteleuropa verbreiteten Margeriten – sticht diese Art mit ihrem dunklen Auge im Blütenkörbchen hervor. Schade ist nur, dass man sie relativ selten zu Gesicht bekommt.
Merkmale: Der ausdauernde Strauch wird 0,5–1,2 m hoch. Die gefiederten Blätter sind ledrig und dickfleischig. Die Zungenblüten können weiß bis leicht rötlich sein, typisch ist das blutrote Auge im Blütenkörbchen.
Verbreitung: Die Blutrotaugige Wucherblume kommt vornehmlich an der Nordwestküste bis in Lagen von 450 m vor. Kultiviert kann man sie im Botanischen Garten in Funchal und im Jardim Botânico Pequeno in Prazeres bewundern. Außer auf Madeira gibt es den Endemit lediglich auf den Desertas-Inseln.

24

24

25

Kristall-Mittagsblume *(Mesembryanthemum crystallinum)* 26

Familie: *Mittagsblumengewächse (Aizoaceae)*
Portugiesischer Name: *barrilha, erva gelada u. a.*
Blütezeit: *März – Juli*
Heimat: *südliches Afrika*

Ein anspruchsloses Gewächs, das es allerdings sonnig und relativ trocken haben möchte! Die Mittagsblume überzieht Felsen und kommt auch auf sandigen und salzhaltigen Böden zurecht – mancherorts am Meer reicht das sukkulente Kraut bis an die Sprühwasserzone heran.
Merkmale: Das niederliegende Gewächs erreicht eine Wuchshöhe von lediglich 10 cm. Die am Rand leicht gewellten dickfleischigen Blätter sind von grünroter Farbe und mit unzähligen winzigen wassergefüllten Papillen bedeckt. Diese erinnern entfernt an Eiskristalle, was der Pflanze zu Namen wie Eiskraut, Eisblume und schließlich Kristall-Mittagsblume verhalf. Mittagsblume heißt sie, weil sich ihre hübsche weißgelbliche Blüte nur über Mittag öffnet. Genauso wie aus der verwandten *M. nodiflorum* wurde aus dem getrockneten Kraut der Kristall-Mittagsblume früher Soda gewonnen, Auszüge der Pflanze werden heute in naturkosmetischen Produkten verwendet.
Verbreitung: Die aus Südafrika stammende, eingebürgerte Mittagsblume ist u. a. an der Mittelmeerküste und auf den relativ trockenen Ostkanaren (Fuerteventura, Lanzarote, La Graciosa) zu Hause; auf Madeira ist sie fast ausschließlich auf die Halbinsel São Lourenço begrenzt.
Ähnliche Arten: Ebenfalls auf der Ponta de São Lourenço ist die Knotenblütige Mittagsblume *(M. nodiflorum)* **26a** zu finden.

Einblütiges Leimkraut *(Silene uniflora)* 27

Familie: *Nelkengewächse (Caryophyllaceae)*
Portugiesischer Name: *orelha-de-boi, bermin u. a.*
Blütezeit: *März – Juni*
Heimat: *westeuropäische Küsten*

Der Name der an die 700 Arten umfassenden Gattung Silene ist der griechischen Mythologie entnommen und spielt auf Silenos an, einen als übergewichtig und aufgedunsen beschriebenen Dämon, mit dem der füllige Blütenkelch des Leimkrauts assoziiert wird. Das anspruchslose Nelkengewächs kommt gut an felsigen Standorten und auf luftigen Klippen zurecht; es wird von daher auch Klippen-Leimkraut genannt. Die hübschen Blütenkelche machen es zu einer beliebten Zierpflanze.
Merkmale: Die krautige Pflanze mit ihren leicht fleischigen, lanzettlichen Blättern wird 20–60 cm hoch. Sie ist sehr einfach an dem mit einem Netz von Äderchen gemusterten und wie aufgepustet wirkenden Kelch zu bestimmen, der in einen Kranz aus fünf weißen Kronblättern übergeht.
Verbreitung: Die Küstenpflanze kam wohl schon lange vor der portugiesischen Besiedlung nach Madeira und auf die Azoren, verschiedene Unterarten gibt es zudem auf den Kanaren. Auf Madeira ist das Leimkraut bis auf 100 m anzutreffen, u. a. an der Nordküste unterhalb von Santana. Als winterhartes Gewächs siedelt die Pflanze auch in Nordwesteuropa, etwa an der Ostseeküste und auf Island.
Ähnliche Arten: An der Küste Madeiras kommen weitere, allerdings weniger häufige Leimkraut-Arten vor, u. a. Gewöhnliches Leimkraut *(S. vulgaris)* **27a**, Französisches Leimkraut *(S. gallica)* und Nacht-Leimkraut *(S. nocturna)*.

26

26a

26

27

27a

Gerber-Sumach *(Rhus coriaria)* 28

Familie: *Sumachgewächse (Anacardiaceae)*
Portugiesischer Name: *sumagre*
Blütezeit: *Juni – August*
Heimat: *östlicher Mittelmeerraum, Vorderasien*

Zur Gattung Rhus gehören rund 250 Arten, darunter der in Fernost beheimatete Lackbaum *(R. verniciflua)* und der nordamerikanische Essigbaum *(R. typhina)*. Der Gerber-Sumach fand aus dem Mittelmeerraum seinen Weg nach Madeira. Den alten Griechen dienten die getrockneten und gemahlenen Samen als Gewürz, die Blätter der Pflanze nutzte man zum Gerben von Leder.

Merkmale: Der Strauch erreicht eine Wuchshöhe von 0,5–1,5 m, mitunter wächst er auch zu einem Bäumchen von mehr als 3 m heran. Die gegenständig angeordneten Blätter sind gesägt, der Blütenstand ist pyramidal und trägt zahlreiche grünlich-weiße Blüten. Die Steinfrüchte haben zur Reife eine kräftige rotbraune Farbe, frisch sind sie giftig.

Verbreitung: Der Gerber-Sumach ist rund ums Mittelmeer anzutreffen. Auf Madeira ist er in Lagen bis zu 400 m zu finden, beispielsweise steht er an der Levada Nova im Tabua-Tal.

Krausblättriger Klebsame *(Pittosporum undulatum)* 29

Familie: *Klebsamengewächse (Pittosporaceae)*
Portugiesischer Name: *pitósporo, incenseiro, árvore do incenco*
Blütezeit: *Januar – März*
Heimat: *Australien*

Ein Baum mit vielen Namen: Im Portugiesischen nennt man ihn unter anderem Weihrauchbaum (árvore do incenco), im Englischen Käseholz (cheese wood). Wegen der orangefarbenen kleinen Früchte wird er zuweilen auch Orangen-Klebsame genannt. Der Gattungsname *Pittosporum* ist dem Griechischen entlehnt, er weist auf das klebrige Fruchtfleisch hin, das die Samen umhüllt. Das aus Australien stammende, eingebürgerte Gewächs prägt auf Madeira vielerorts das Landschaftsbild.

Merkmale: Der immergrüne Baum wird bis zu 25 m hoch, auf Madeira erreichen wild wachsende Bäume in der Regel eine Höhe von bis zu 8 m. Die ledrigen Blätter gleichen auf den ersten Blick Lorbeerblättern, sind mit bis zu 12 cm jedoch etwas länger und heben sich durch leicht wellige Ränder ab. Die cremeweißen kleinen Kelchblüten verströmen einen angenehmen Duft. Die zunächst grünen, kugeligen Früchte verändern ihre Farbe im Spätherbst in ein leuchtendes Orangerot und locken damit Vögel an.

Verbreitung: Nach Madeira und auf die Azoren wurde der Baum als Ziergehölz gebracht, mitunter pflanzte man ihn auch als Windschutz. Vornehmlich auf den Azoren breitet er sich ungehindert aus. Auf Madeira reicht der Lebensraum von der Küste bis auf über 700 m in die Übergangszone zum Lorbeerwald hinein. Häufig zu sehen ist der Krausblättrige Klebsame z. B. an der Levada dos Tornos, im Tal von Tabua und an den Hängen über der Nordküste. Stolze Individuen mit Wuchshöhen von über 20 m stehen im Park der Quinta Jardins do Imperador in Monte und im Arboretum des Botanischen Gartens von Funchal.

Ähnliche Arten: Extrem selten ist der nur auf Madeira vorkommende *P. coriaceum* (lokaler Name mocano); er unterscheidet sich von *P. undulatum* u. a. durch eine abgerundete Blattform und bräunliche Früchte. In freier Natur wird man ihn selten entdecken, angepflanzt steht er z. B. im Parque Florestal do Ribeiro Frio.

28

28

29

29

29

29

Knöpfchen-Knöterich
(Persicaria capitata syn. Polygonum capitatum) **30**

Familie: *Knöterichgewächse (Polygonaceae)*
Portugiesischer Name: *poligono de jardim*
Blütezeit: *fast ganzjährig*
Heimat: *Himalaja (Nordindien, Nepal, Bhutan), auch Südostasien (Malaysia)*

Hier haben wir es mit einem weiteren sehr erfolgreichen Gartenflüchtling zu tun. Das Knöterichgewächs kam als Zierpflanze nach Madeira und hat sich von Hausgärten auf terrassiertes Kulturland und entlang von Levadawegen ausgebreitet, man findet es verwildert selbst im Hochland.

Merkmale: Die niederliegende Pflanze wird lediglich 5–20 cm hoch; mit ihren stark verzweigten Stängeln kann sie sich jedoch weit in die Breite ausdehnen. Die von weißlich bis rosa changierenden Blütenköpfchen machen die Bestimmung sehr einfach. Auch wenn die Pflanze nicht blüht, kann man sie sehr leicht an den großen Blättern erkennen, auf denen ähnlich einem Brandzeichen ein dunkles »V« hervorsticht.

Verbreitung: Der Knöpfchen-Knöterich wächst verwildert in vielen tropischen und subtropischen Regionen. Auf La Réunion und Hawaii gilt er als invasiv, auf Madeira und den Azoren ist er eingebürgert. Man findet ihn auf brachliegendem Kulturland und an Straßenböschungen, aber auch an siedlungsfernen Levadas, etwa der Levada das Rabaças am Encumeada-Pass.

Ähnliche Arten: Mit dem Strand-Knöterich *(Polygonum maritimum)* kommt ein weiteres Knöterichgewächs auf Madeira vor. Er siedelt fast nur in Küstennähe und hebt sich in der Wuchsform durch aufstrebende Stängel vom Knöpfchen-Knöterich ab. Die winterharte Spezies ist vielerorts an der europäischen Atlantikküste und im gesamten Mittelmeerraum verbreitet, nach Norden reicht das Gebiet bis an die Küste von Südengland.

Madeira-Gamander *(Teucrium betonicum)* **31**

Familie: *Lippenblütler (Lamiaceae)*
Portugiesischer Name: *erva-branca, abrotôna*
Blütezeit: *Juni – August*
Heimat: *Madeira-Endemit*

Mit seinem lilafarbenen Blütenstand setzt der Madeira-Gamander im Sommer leuchtende Akzente in der immergrünen Strauchvegetation der Küstenzone. Er gehört zu den schönsten Lippenblütlern der Insel.

Merkmale: Der ausdauernde Strauch wird 0,5–1,5 m hoch. Er hat graugrüne, behaarte Blätter; der etwa 30 cm lange Blütenstand ist mit den für Lippenblütlern typischen »Lippenblüten« besetzt – die Ähnlichkeit mit einem der bekanntesten Verwandten, dem Löwenmäulchen, ist nicht von der Hand zu weisen.

Verbreitung: Der Madeira-Gamander wächst an felsigen Standorten auf der Süd- und Nordseite der Insel und ist darüber hinaus auch im Lorbeerwald zu Hause. Entdecken kann man ihn beispielsweise am alten Königsweg zwischen Santana und Calhau und entlang der Levada Nova an den steilen Hängen über dem Tal von Ribeira Brava; angepflanzt steht er im Parque Florestal do Ribeiro Frio.

Ähnliche Arten: Verwandt sind die ebenfalls nur auf Madeira vorkommenden *T. abutiloides* und *T. francoi* **31a**. Letzterer wurde erstmalig 2007 beschrieben; die blassgelb blühende Art ist u.a. im Zentralmassiv am Fuß des Pico Ruivo zu finden.

30

31

31

31a

Basilikum-Ziest *(Stachys ocymastrum)* 32

Familie: *Lippenblütler (Lamiaceae)*
Portugiesischer Name: *rabo-de-raposa*
Blütezeit: *März – Juni*
Heimat: *vermutlich Makaronesien, Mittelmeerraum*

Zieste kommen weltweit in mehr als 300 Arten vor, viele davon rund ums Mittelmeer und manche, wie der winterharte Alpen-Ziest *(S. alpina)*, auch in nördlichen Breiten. Vom Basilikum-Ziest nimmt man an, dass er ursprünglich von den makaronesischen Inseln stammt und von dort aus in den Mittelmeerraum wanderte.

Merkmale: Die Pflanze wird 30–60 cm hoch. Ihre teils auffällig gebogenen Blätter sind leicht behaart. Der Blütenstand setzt sich aus hübschen weißen bis blassgelben Lippenblüten zusammen.

Verbreitung: Die Pflanze bevorzugt relativ trockene Standorte in Küstennähe, auf Madeira kann man sie beispielsweise am Fuß der steil abfallenden Westküste in Fajã Quebrada Nova entdecken, winterliche Niederschläge vorausgesetzt auch auf der Halbinsel São Lourenço. Der Ziest ist darüber hinaus an der Boca do Risco und manchen Levadas zu sehen, etwa an der Levada Nova bei Campanario.

Klebriges Aeonium *(Aeonium glutinosum)* 33

Familie: *Dickblattgewächse (Crassulaceae)*
Portugiesischer Name: *ensaião, saião, farrobo*
Blütezeit: *Juni – Oktober*
Heimat: *Madeira-Endemit*

Anders als auf den Kanarischen Inseln, wo die Gattung Aeonium mit rund 40 teils kaum voneinander zu unterscheidenden endemischen Arten vertreten ist, kommen von diesem Dickblattgewächs auf Madeira lediglich zwei lokale Arten vor. Der aus dem griechischen entlehnte Gattungsname *Aeonium* weist auf den ausdauernden Charakter dieser Pflanzen hin. Genauso wie das Drüsige Aeonium (S. 68) ist das Klebrige Aeonium mit seinen dickfleischigen Blättern eine Sukkulente. Beide sind in der Lage, selbst unter widrigen Bedingungen zu überleben.

Merkmale: Der Name sagt es schon, die Pflanze, vor allem der bis zu 70 cm hohe Stängel, ist sehr klebrig. Er wächst aus zu einer Rosette angeordneten spatelförmigen Blättern empor, die oft von einem roten Rand eingefasst sind. Auch die dickfleischigen Blätter sind von einem dünnen klebrigen Film überzogen. Sie speichern genügend Wasser, um monatelang ohne Niederschläge auszukommen. Zusammen mit dem Blütenstand bringt es der Halbstrauch auf eine Höhe von bis zu 1 m. Der verzweigte Blütenstand trägt kleine goldgelbe Blütenblätter.

Verbreitung: Die Art kommt außer auf Madeira lediglich noch auf Porto Santo und Deserta Grande vor. Auf Madeira ist sie in der Küstenzone weit verbreitet und reicht bis in Lagen von 800 m hinauf. Im Unterschied zum Drüsigen Aeonium kommt die klebrige Art auch gut an stark der Sonne ausgesetzten und trockenen Hängen der Küstenberge zurecht. Leicht zu finden ist das Dickblattgewächs an der Nordküste, etwa am alten Königsweg zwischen São Jorge und Calhau oder beim Abstieg von Santana zur Fajã da Rocha do Navio.

Ähnliche Arten: Auf den Kanaren ist das Baum-Aeonium *(A. arboreum)* **33a** weit verbreitet. Auf Madeira kann man diese Art u. a. im Botanischen Garten von Funchal und in Palheiro Gardens sehen.

Drüsiges Aeonium *(Aeonium glandulosum)* 34

Familie: *Dickblattgewächse (Crassulaceae)*
Portugiesischer Name: *ensaião, saião*
Blütezeit: *Juni – August*
Heimat: *Madeira-Endemit*

Dieses Dickblattgewächs hat eine ausgefallene Form: Es ist rund und flach wie ein Teller und haftet wie angeklebt an senkrecht aufragenden Felsen, wo sonst kaum andere Pflanzen in der Lage sind zu siedeln. Es ist sehr häufig und zumindest beim Wandern leicht zu finden.

Merkmale: Sich überlappende spatelförmige Blätter formen eine runde Rosette, die einen Durchmesser von bis zu 40 cm erreicht, jedoch kaum 20 cm hoch wird. Das Drüsige Aeonium vermag selbst in noch so kleinen Felsritzen zu wurzeln. Es hat so gut wie keinen Stängel. In der Mitte der Blattrosette wächst ein Blütenstand mit goldgelben, sternförmigen Blüten; während der Blüte wechselt die Blattfarbe oft von Grün in ein kräftiges Dunkelrot.

Verbreitung: Das Drüsige Aeonium ist extrem gut an die verschiedenen Höhenstufen der Insel angepasst, der Lebensraum reicht von der Küste über den Lorbeerwald bis ins Hochgebirge hinauf. Unmittelbar am Meer findet man es an feuchten und schattigen Schlucht- und Felswänden. In mittleren und höheren Lagen sieht man es an Böschungen und über Tunneleingängen von Levadas, angefangen von der auf 400 m dahinfließenden Levada Nova bis hinauf zur Levada do Pico Ruivo auf fast 1000 m. Bergwanderer können es auf dem alten Königsweg von Boca da Corrida zum Encumeada-Pass an der Südwand des Pico Grande sowie auf dem Panoramaweg zwischen dem Pico do Arieiro und dem Pico Ruivo entdecken.

Viellöchriges Dickblatt *(Crassula multicava)* 35

Familie: *Dickblattgewächse (Crassulaceae)*
Portugiesischer Name: *crássula*
Blütezeit: *Januar – Juni*
Heimat: *Südafrika (Natal, Transvaal)*

Löchrig mag stark übertrieben sein, doch der lateinische Beiname *multicava* macht deutlich, wie das Viellöchrige Dickblatt zu seinem Namen kam: Die dickfleischigen Blätter haben unzählige winzige Vertiefungen.

Merkmale: Die krautige Pflanze wird 20–40 cm hoch. Wie für Dickblattgewächse typisch, sind die bis zu 1 cm dicken Blätter in der Lage, größere Mengen an Wasser zu speichern. Die ovalen bis rundlichen Blätter weisen eine auffällige Punktierung (winzige Vertiefungen) auf. Zur Blütezeit wächst zwischen den beiden obersten Blättern ein etwa 15 cm langer Stängel empor, der sich am oberen Ende verzweigt und bis zu 50 Blüten mit jeweils vier hellrosa Kronblättern tragen kann.

Verbreitung: Die aus Südafrika stammende Blattsukkulente gilt auf Madeira als eingebürgert. Als Ziergewächs eingeführt wächst sie verwildert an schattigen Standorten in der Nähe von Siedlungen. Größere Bestände finden sich u. a. oberhalb der Nordküste entlang des Königswegs von Arco de São Jorge nach Boaventura, auf dem alten Verbindungsweg der Weinträger von Porto da Cruz nach Machico und an der Levada do Castelejo.

Ähnliche Arten: Mit bis zu 1,2 m deutlich größer ist das Baumförmige Dickblatt *(C. arborescens)* **35a**. Es kommt ebenfalls aus Südafrika und ist sowohl auf Madeira als auch in Mitteleuropa eine beliebte Topfpflanze.

34

34

34

35

35

35a

Prächtiger Natternkopf *(Echium nervosum)* 36

Familie: *Raublattgewächse (Boraginaceae)*
Portugiesischer Name: *massaroco*
Blütezeit: *Februar – Juni*
Heimat: *Madeira-Endemit*

Einer schöner als der andere! Auf Madeira sind gleich zwei endemische Natternköpfe zu Hause, beide gehören zu den attraktivsten Wildpflanzen der Insel. Auf den ersten Blick sind sie nicht einfach zu unterscheiden, ein Kriterium ist beispielsweise die unterschiedliche Höhenlage des Standorts. Während der Prächtige Natternkopf ausschließlich im Küstenbereich anzutreffen ist, siedelt sein etwas größerer Verwandter, der Stolz von Madeira (S. 138), ab 800 m aufwärts.

Merkmale: Der ausdauernde Strauch erreicht eine Wuchshöhe von 0,8–1,5 m und kann mit zahlreichen Verzweigungen bis zu 3 m breit werden. Die weißgrauen Stängel sind mit bis zu 12 cm langen, lanzettlichen Blättern belaubt, deren Unterseiten markante Adern aufweisen. Stiel und Blätter werden von kurzen, rauen Härchen überzogen. Der aufrecht stehende Blütenstand fällt mit 5–16 cm etwas kürzer aus als der vom Stolz von Madeira. Blaue bis blasslila Blütenblätter bilden die trichterförmige Blütenkrone – diese bekommt regelmäßig von der endemischen Madeira-Hummel *(Bombus maderensis)* Besuch.

Verbreitung: Der Natternkopf siedelt in der felsigen Küstenzone von 0–300 m Höhe. Eine große Kolonie findet sich z. B. am Fuß der steil abfallenden Westküste auf der Fajã Quebrada Nova, auch auf Porto Santo und den Desertas-Inseln kommt er vor. Wie auch der Stolz von Madeira wird der Prächtige Natternkopf vielerorts als Ziergewächs kultiviert, außerhalb Madeiras gehört er zur Sammlung von botanischen Gärten.

Wegerichblättriger Natternkopf *(Echium plantagineum)* 37

Familie: *Raublattgewächse (Boraginaceae)*
Portugiesischer Name: *invejosa*
Blütezeit: *März – Oktober*
Heimat: *Mittelmeerraum*

Dieser Kosmopolit ist heute auf mehreren Erdteilen zu Hause. Von der Wuchsform mag er weniger auffällig sein als seine auf Madeira (s. o.) und den Kanaren vorkommenden endemischen Verwandten, doch die wunderschöne violette Blüte ist auf jeden Fall einer eingehenden Betrachtung wert.

Merkmale: Mit einer Höhe von bis zu 70 cm gehört die Art zu den kleinsten der Gattung. Die Blätter sind, wie für Raublattgewächse typisch, von borstigen Härchen überzogen. Die zu einer Rosette angeordneten Niederblätter an der Basis gleichen denen des Wegerichs, woraus sich der Beiname der Pflanze erklärt. Die prächtigen Trichterblüten changieren von enzianblau bis purpurrot. Alle Teile der Pflanze sind stark giftig.

Verbreitung: Der Wegerichblättrige Natternkopf ist über den ganzen Mittelmeerraum sowie weite Teile Nordamerikas und Australiens verbreitet. Er gilt als stark invasiv und wird in manchen Ländern bekämpft. Auf Madeira, den Azoren und den Kanaren reicht das Verbreitungsgebiet von der Küste bis in bewaldete Höhenlagen von über 1500 m hinauf. Die Pflanze steht an Weg- und Straßenrändern genauso wie auf Ruderalflächen und hat sich auch vielerorts entlang von Levadas angesiedelt.

36

36

37

37

Madeira-Winde *(Convolvulus massonii)* 38

Familie: *Windengewächse (Convolvulaceae)*
Portugiesischer Name: *corriola, convólvulos da Madeira*
Blütezeit: *März – August*
Heimat: *Madeira-Endemit*

Aus der großen Familie der Windengewächse, sie umfasst etwa 1700 Arten, gebührt der Madeira-Winde die Ehre, ausschließlich auf der Blumeninsel beheimatet zu sein. In freier Natur wird man den sehr seltenen Kletterer allerdings nur mit viel Glück entdecken können – er steht auf der Liste der vom Aussterben bedrohten Arten. Dafür entschädigen etwa ein halbes Dutzend auf der Insel größtenteils eingebürgerte Verwandte. Der Familienname leitet sich vom Lateinischen convolvere (winden, umschlingen) ab und verrät damit die typische Wachstumsform der Windengewächse.

Merkmale: Die ausdauernde Kletterpflanze kann eine Wuchshöhe von bis zu 6 m erreichen. Ihre kahlen verzweigten Stängel verholzen mit zunehmendem Alter; die immergrünen Blätter sind oval bis lanzettlich. Typisch für die trichterförmige weiße Blütenkrone: Sie wird von feinen rosafarbenen Äderchen durchzogen.

Verbreitung: Der Strauch ist sehr selten, er kommt vornehmlich an den felsigen Abhängen über der Küste vor, reicht jedoch auch vereinzelt bis in die Lorbeerwaldzone hinauf.

Ähnliche Arten: Als einheimische Spezies gilt die Eibischblättrige Winde *(C. althaeoides)*, als eingebürgert die Blaue Prunkwinde *(Ipomoea indica)* **38a**. Letztere kam ursprünglich als Ziergewächs nach Madeira und hat sich außerhalb der Gärten auf Straßenböschungen und Brachflächen ausgebreitet. Auch die wunderschön blühende Dreifarbige Winde *(C. tricolor)* **38b** ist mancherorts zu sehen. Nah verwandt sind die Blütenreiche Winde *(C. floridus)* und die Drüsige Winde *(C. glandulosus)*, beide kommen auf den Kanarischen Inseln vor.

Asphaltklee *(Bituminaria bituminosa* syn. *Psoralea bituminosa)* 39

Familie: *Hülsenfrüchtler (Fabaceae)*
Portugiesischer Name: *erva-da-baganha, trevo-bituminoso*
Blütezeit: *Dezember – August*
Heimat: *Mittelmeerraum*

Der auch Harz- oder Pechklee genannte Schmetterlingsblütler ist die auf Madeira am meisten verbreitete Kleeart. Der Name leitet sich von dem teerartigen Geruch ab, der intensiv wahrgenommen werden kann, wenn man Blätter oder Stängel zwischen den Fingern zerreibt. Klee galt früher als Hausmittel bei Juckreiz, Hippokrates (um 460 v. Chr.–370 v. Chr.) empfahl ihn bei Fieber.

Merkmale: Der an der Basis verholzte Strauch erreicht eine Wuchshöhe von 30–100 cm. Bei genauem Hinsehen sind auf den dreizähligen Blättern drüsige Punkte erkennbar. Die weißblau bis hellvioletten Blütenköpfe sitzen an langen Stielen, die Blüten sind eine bedeutende Nektarquelle für Bienen und Insekten.

Verbreitung: Der Asphaltklee stammt aus dem Mittelmeerraum und ist auf Madeira und den Kanarischen Inseln eingebürgert, er kommt darüber hinaus auch am Schwarzen Meer und auf der Arabischen Halbinsel vor. Die Kleeart findet sich vornehmlich an Straßen- und Wegrändern, auf brachliegenden Feldern und Ruderalflächen und ist auch auf Felsfluren bis in Lagen von 1500 m verbreitet.

38

38a

38b

39

39

Blaugrüner Hornklee *(Lotus glaucus)* 40

Familie: *Hülsenfrüchtler (Fabaceae)*
Portugiesischer Name: *trevina*
Blütezeit: *März – Juni*
Heimat: *makaronesischer Endemit*

Wäre da nicht die prächtige Schmetterlingsblüte, könnte man diesen kriechenden Klee mit seinen winzigen Blättern fast übersehen. Er tritt selten alleine auf, im Frühjahr macht er durch Massenbestände auf sich aufmerksam. Mit der Lotosblume, wie es der lateinische Gattungsname suggeriert, hat die Hornkleeart nichts gemein.

Merkmale: Die kriechende Pflanze kommt über eine Höhe von 20 cm kaum hinaus, sie kann sich dafür beträchtlich in die Breite ausdehnen und ganze Küstenstriche in Beschlag nehmen. Ihre kleinen Blätter setzen sich aus fünf Einzelblättchen zusammen. Die Blüte besticht durch ihre goldgelbe Farbe.

Verbreitung: Der Blaugrüne Hornklee sucht die Nähe zum Wasser. Ausreichende Niederschläge vorausgesetzt kann er u. a. auf der Halbinsel São Lourenço die felsige Küste mit dichten Matten bedecken. Außer auf Madeira und den benachbarten Selvagens-Inseln kommt die Art auch auf der Kanareninsel Fuerteventura vor.

Fenchel *(Foeniculum vulgare)* 41

Familie: *Doldenblütler (Apiaceae)*
Portugiesischer Name: *funcho*
Blütezeit: *Juli – September*
Heimat: *Makaronesien, Südeuropa, Nordafrika, Westasien*

Als die Portugiesen im 15. Jahrhundert auf der Insel landeten, fanden sie überall in der Bucht von Funchal wilden Fenchel (port. funcho) vor, sodass sie der neu gegründeten Stadt kurzerhand den Namen des Krauts gaben. Schon in der Antike war der Fenchel eine weit verbreitete Kultur- und Heilpflanze. Die Knollen der Varietät *F. vulgare* var. *vulgare* sind in der mediterranen und mitteleuropäischen Küche ein beliebtes Gemüse. Fenchelsamen als Tee aufgegossen lindern Magen- und Darmbeschwerden, auch werden sie zur Herstellung von Husten- und Beruhigungsmitteln verwendet. Fenchelbonbons »Made in Madeira« gibt es schon seit 1893 von der Fábrica de Santo António in Funchal, am besten kauft man die Lutschbonbons in dem hübsch aufgemachten Traditionsgeschäft der kleinen Manufaktur (Travessa do Forno 27–29, www.fabricastoantonio.com). In der indischen Küche sind Fenchelsamen Bestandteil des Currypulvers, vielfach werden die Samen nach dem Essen als »Munderfrischer« und Verdauungshilfe gereicht.

Merkmale: Der Fenchel erreicht eine Wuchshöhe von 0,5–2 m. Speicherblätter bilden dicht über dem Boden »Fenchelknollen« aus, die durch Züchtungen besonders ausgeprägt ausfallen. Die schirmähnlichen doldigen Blütenstände tragen bis zu 40 gelbe Einzelblüten.

Verbreitung: Der Fenchel wird weltweit als Gewürz-, Gemüse- und Heilpflanze kultiviert. Auf Madeira steht er in vielen Bauerngärten, als Namensgeber von Funchal darf er natürlich auch im Botanischen Garten der Stadt nicht fehlen.

Ähnliche Arten: Mit dem Fenchel verwandt ist das Weidenblättrige Hasenohr *(Bupleurum salicifolium)* **41a**, ein makaronesischer Endemit, der seinen Beinamen den wie Weidenblätter aussehenden ledrigen Blättern verdankt. Auf Madeira reicht sein Verbreitungsgebiet von der Küste bis ins Zentralmassiv.

40

40

41

41a

Taro *(Colocasia esculenta)* 42

Familie: *Aronstabgewächse (Araceae)*
Portugiesischer Name: *inhame*
Blütezeit: *Mai – Juni*
Heimat: *vermutlich Südostasien*

Das Rhizom des auch Wasserbrotwurzel genannten Gewächses ist in vielen asiatischen und afrikanischen Ländern ein Grundnahrungsmittel und wird auch in der Küche Madeiras verwendet. Man kocht das stärkereiche Rhizom ähnlich wie Kartoffeln, getrocknet und gemahlen kann es als Mehl genutzt werden.
Merkmale: Die krautige Pflanze wird 1–1,5 m hoch. Die herzförmigen Blätter sind mitunter länger als 50 cm, das Rhizom ist bis zu 15 cm dick. Als Aronstabgewächs gibt sich die Pflanze durch ihren kolbenförmigen Blütenstand zu erkennen.
Verbreitung: Auf Madeira sieht man den Taro außer in Bauerngärten oft verwildert an feuchten Standorten, etwa auf der Nordseite bei São Jorge, aber auch in Calhau unmittelbar in Meeresnähe; im Süden steht er beispielsweise im Tabua-Tal an der Levada Nova.

Gold-Musschie *(Musschia aurea)* 43

Familie: *Glockenblumengewächse (Campanulaceae)*
Portugiesischer Name: *múchia dourada*
Blütezeit: *Juli – Dezember*
Heimat: *Madeira-Endemit*

Ebenso wie die im Lorbeerwald beheimatete Wollaston-Musschie (S. 98) und die auf den Desertas-Inseln vorkommende *M. isambertoi* macht sich diese Glockenblume in freier Natur relativ rar.
Merkmale: Die Glockenblume wird 20–50 cm groß. Ihr Name bezieht sich auf die goldfarbenen Blüten, die aufrecht an einer pyramidenförmig aufgebauten Rispe sitzen. Ihre lederartigen Blätter sind doppelt gesägt.
Verbreitung: Die endemische Gold-Musschie steht auf der Roten Liste bedrohter Arten, sie ist auf einige wenige Standorte über der felsigen Nordküste Madeiras und die vorgelagerten Desertas-Inseln begrenzt. In Kultur findet man sie u. a. im Jardim Botânico Pequeno in Prazeres und im Núcleo dos Dragoeiros das Neves.

Französische Tamariske *(Tamarix gallica)* 44

Familie: *Tamariskengewächse (Tamaricaceae)*
Portugiesischer Name: *tamargueira*
Blütezeit: *Januar – Juni*
Heimat: *westlicher Mittelmeerraum*

Die Französische Tamariske ist in Madeira der einzige Vertreter der rund 90 Arten umfassenden Familie der Tamariskengewächse. Dem kleinen Baum, oft ist es mehr ein Strauch, macht salzhaltige Luft nichts aus, er steht oft direkt am Wasser.
Merkmale: Die Französische Tamariske erreicht eine Wuchshöhe von 2–4 m. Sie ist leicht an ihren schmalen, schuppenartig aufgebauten Blättern zu bestimmen, die wie Dachziegel ineinander übergreifen. Die bis zu 4 cm langen rispenförmigen Blütenstände sehen ein bisschen wie Weidenkätzchen aus, sie bestehen aus unzähligen nur 2–3 mm großen rosa-weißen Blüten.

42

42

43

43

44

Verbreitung: Der Kleinbaum kommt außer an den französischen Küsten im ganzen westlichen Mittelmeerraum vor. Auf Madeira wurde mancherorts als Erosionsschutz mit ihm aufgeforstet. Ein kleines Wäldchen gibt es zum Beispiel nahe dem Aussichtspunkt Ponta do Rosto im Norden der Halbinsel São Lourenço.
Ähnliche Arten: Die Kanarische Tamariske *(T. canariensis)* ist auf den Kanaren weit verbreitet, sie steht dort bevorzugt im Mündungsbereich von Schluchten.

Myrte *(Myrtus communis)* 45

Familie: *Myrtengewächse (Myrtaceae)*
Portugiesischer Name: *mirto, murta*
Blütezeit: *Juni – August*
Heimat: *Mittelmeerraum*

Die Myrte ist ein klassisches Mittelmeergewächs. Sie besaß schon in der Antike einen hohen Stellenwert und wurde dort angebaut. Griechen und Römer flochten daraus Hochzeitskränze (daher auch der Name Brautmyrte). Bei Atemwegserkrankungen dient die Myrte als Heilpflanze, seit Kurzem ist sie auch für die Krebstherapie interessant. In der mediterranen Küche werden die Blätter und Beeren des Strauchs zum Aromatisieren von Fleischgerichten verwendet.
Merkmale: Der immergrüne Strauch erreicht eine Höhe von 1–5 m, auf Madeira selten über 3 m. Seine kurzgestielten glänzend-ledrigen Blätter sind oval und vorne zugespitzt. Die Blüten mit fünf weißen Kronblättern und weit herausragenden gelben Staubbeuteln duften angenehm. Im Herbst reifen etwa 1 cm große, kugelrunde, blau-schwarze Beeren.
Verbreitung: Die Myrte kam vermutlich vor langer Zeit aus dem mediterranen Raum nach Madeira. Sie kommt vornehmlich an den recht trockenen Hängen über der Südküste vor, jedoch auch im Norden bis auf etwa 400 m. Entdecken kann man sie u. a. am alten Königsweg von São Jorge nach Calhau sowie an der Levada Nova im Tal von Tabua.

Weidenblättrige Kugelblume *(Globularia salicina)* 46

Familie: *Wegerichgewächse (Plantaginaceae)*
Portugiesischer Name: *malfurada, globulária*
Blütezeit: *Mai – September*
Heimat: *makaronesischer Endemit*

Von der Kugelblume gibt es vornehmlich rund um das Mittelmeer etwa 30 Arten. Der Name ist eine Anspielung auf den kugeligen Blütenstand (lateinisch globulus = Kügelchen). Auf Madeira gehört die Weidenblättrige Kugelblume zu den Charakterpflanzen der Küstenzone.
Merkmale: Der immergrüne Strauch wird 0,5–1,5 m hoch. Seine fleischigen schmalen Blätter sind bis zu 8 cm lang und ähneln denen der Weide. Die weißen bis blassblauen kugeligen Blütenköpfchen stehen in Gruppen eng beieinander.
Verbreitung: Die Weidenblättrige Kugelblume ist auf Madeira und den Kanaren vielerorts an Küstenhängen bis auf 500 m (im Süden bis auf 700 m) verbreitet. Im Osten gibt es große Bestände am Pico do Facho und unterhalb der Jesusstatue von Garajau; im Norden überzieht der Strauch die Hänge von São Jorge und Arco de São Jorge.
Ähnliche Arten: Nur auf Gran Canaria kommt die Dickblättrige Kugelblume *(G. sarcophylla)* vor; auf den Kapverden ist die vom Aussterben bedrohte Mandelblättrige Kugelblume *(G. amygdalifolia)* **46a** zu Hause.

45

46

46a

46

Lorbeerwald

Als die Portugiesen vor 600 Jahren die damals unbewohnte Insel entdeckten, war diese komplett bewaldet. Was lag da näher, als die Neuentdeckung einfach Ilha da Madeira (Holzinsel) zu nennen. Der Lorbeerwald (port. Laurissilva) besetzte nicht nur wie heute die Höhenlagen von 300 bis 1300 m, sondern erstreckte sich im Norden mancherorts bis zur Küstenzone hinab, wo er sich mit Buschwäldern mischte. Der Lorbeerwald geht bis ins Tertiär zurück. Zu jener Zeit gab es auch im Mittelmeerraum ausgedehnte Lorbeerwälder, doch durch spätere Klimaverschiebungen (Eiszeit) verschwanden sie dort. Madeira hingegen blieb ebenso wie die Kanarischen Inseln von Klimaveränderungen nahezu unberührt. Dafür dezimierte seit der Besiedlung Kahlschlag und Brandrodung den Bestand nicht unerheblich. Das Holz wanderte in die Öfen der Zuckerindustrie und in den Schiffsbau, gerodete Flächen wurden für die Landwirtschaft terrassiert.

Mit rund 150 km² nimmt der Lorbeerwald Madeiras immerhin noch etwas mehr als 20 % der Inselfläche ein. Seit 1982 ist er als Naturpark ausgewiesen und streng geschützt, 1999 wurde er von der UNESCO zum Weltnaturerbe erklärt.

Vereinfacht ausgedrückt ist der Lorbeerwald eine Kreuzung zwischen subtropischem Regenwald und mediterranen Hartlaubgewächsen. Er profitiert vom Passat, der ständig feuchte Luftmassen heranführt und zugleich für ein recht ausgeglichenes Klima mit übers Jahr gesehen relativ geringen Temperaturschwankungen sorgt. Zwar ist es im Lorbeerwald nicht so warm wie in der Küstenzone, doch das Thermometer fällt das ganze Jahr über kaum unter Null. Die größten zusammenhängenden Waldgebiete liegen auf der oft wolkenverhangenen und feuchten Nordseite der Insel, große Bestände gibt es u. a. in den Regionen Queimadas und Ribeiro Frio.

Anders als bei einem Fichten- oder Kiefernwald, der fast immer aus einer Baumart besteht, ist der Lorbeerwald ein ungemein facettenreiches Ökosystem, das sich aus verschiedenen Gehölzen und einer artenreichen Begleitflora zusammensetzt. Die Lorbeerwaldgesellschaft umfasst rund 20 Baumarten. Namensgebend und zugleich die am häufigsten vorkommende Art ist der Kanaren-Lorbeer *(Laurus novocanariensis)*. Zu den Lorbeergewächsen im engeren Sinn gehören ferner Stinklorbeer *(Ocotea foetens)*, Barbusano *(Apollonias*

Bartflechten geben dem Lorbeerwald mitunter einen märchenhaften Anstrich.

barbujana) und die vor Ort Madeira-Mahagoni genannte Indische Persea *(Persea indica)*. Sie alle bringen ähnlich aussehende fleischige Früchte (Lorbeeren) hervor. Mit den vier Hauptvertretern mischen sich teils ganz unterschiedliche Arten, etwa der Gagelbaum *(Myrica faya)*, die Hohe Picconie *(Picconia excelsa)*, der Maiblumenbaum *(Clethra arborea)* und die Madeira-Stechpalme *(Ilex perado* subsp. *perado)*. Die Blätter dieser Bäume sind mitunter nur schwer voneinander zu unterscheiden. Der Echte Lorbeer *(Laurus nobilis)*, wie man ihn vornehmlich aus dem Mittelmeerraum kennt, steht auf Madeira kultiviert nur vereinzelt in Gärten.

Den Unterwuchs im Lorbeerwald bilden Sträucher, darunter die Honig-Wolfsmilch *(Euphorbia mellifera)* und der Stolz von Madeira *(Echium candicans)*. Im Herbst fällt vielerorts die Madeira-Heidelbeere *(Vaccinium padifolium)* auf, deren Zweige dann mit essbaren Beeren behangen sind. Kletterpflanzen wie Efeu *(Hedera* sp.*)* und Mäusedorn *(Semele androgyna)* lassen den Wald mitunter wie einen tropischen Bergwald erscheinen. Zu einer märchenhaft anmutenden Stimmung tragen bemooste Stämme und von den Ästen herabhängende Bartflechten *(Usnea barbata)* bei. In der Krautschicht setzen Fingerhüte, Orchideen und der Großblättrige Hahnenfuß *(Ranunculus cortusifolius)* Akzente. Zu den auffälligsten Blütenpflanzen der Begleitflora gehören Madeira-Storchschnabel *(Geranium maderensis)* und die Madeira-Cinerarie *(Pericallis aurita)*, die bis in den Sommer ihre rosa bis violetten Blütenköpfchen zeigt. An feuchten Standorten, etwa in Schluchten, an Wildbächen und Levadas, machen sich Farne breit, angefangen vom nur münzgroßen Talerfarn *(Adiantum renifome)* und dem filigran wirkenden Frauenhaarfarn *(Adiantum capillus-veneris)* bis hin zum Wurzelnden Kettenfarn *(Woodwardia radicans)* mit Wedeln bis zu 3 m Länge.

Von Blumen gesäumte Levadawege ...

.... führen durch subtropische Bergwälder.

Blühende Strauch-Gänsedistel.

Kanaren-Lorbeer *(Laurus novocanariensis)* 1

Familie: *Lorbeergewächse (Lauraceae)*
Portugiesischer Name: *loureiro*
Blütezeit: *Februar – Mai*
Heimat: *makaronesischer Endemit*

Der Charakterbaum des Lorbeerwaldes steht heute unter strengem Schutz, die ausgedehnten Bestände im Bergland wurden 1999 in die Welterbeliste der UNESCO aufgenommen.

Die Blätter des Kanaren-Lorbeers eignen sich weniger als Küchengewürz. Dafür hatten die Madeirer lange für die Lorbeerzweige Verwendung. Fast in jedem Restaurant mit lokaler Küche steht Espetada auf der Speisekarte, am Spieß gegrilltes Rindfleisch, das vielfach an einem Galgen serviert wird. Noch bis vor wenigen Jahrzehnten wurden die Fleischstücke auf Zweige des Lorbeerbaums aufgespießt. Mittlerweile ist dies aus Gründen des Naturschutzes verboten und die Köche müssen sich mit Metallspießen behelfen.

Merkmale: Der immergrüne Baum erreicht eine Wuchshöhe von bis zu 30 m; auf Madeira werden die Bäume meist 6–12 m hoch. Die ledrig-glänzenden, elliptischen Blätter sind wechselständig angeordnet, sie enthalten ähnlich wie die des im Mittelmeerraum verbreiteten Echten Lorbeers *(L. nobilis)* ätherische Öle. Charakteristisch sind punktförmige Drüsen an der Blattunterseite. Nach der Blütezeit, die kleinen Blüten sind cremeweiß, reifen olivengroße Früchte von in der Vollreife schwarzer Farbe heran. Diese sind Nahrungsgrundlage für die im Wald vorkommende endemische Silberhalstaube.

Verbreitung: Der Kanaren-Lorbeer ist die Leitpflanze der Lorbeerwaldgesellschaft; neben Madeira und den Azoren liegt das Hauptverbreitungsgebiet auf den Zentral- und Westinseln der Kanaren. Kernzonen auf Madeira gibt es in den Regionen um Ribeiro Frio, Portela und Queimadas, mitunter ist der Lorbeerbaum bis in Lagen von fast 1400 m anzutreffen.

Ähnliche Arten: Eng verwandt mit dem Kanaren-Lorbeer ist der Azoren-Lorbeer *(L. azorica)*, er kommt ausschließlich auf den Azoren vor. Manche Botaniker halten beide Spezies für ein und dieselbe Art.

Barbusano *(Apollonias barbujana)* 2

Familie: *Lorbeergewächse (Lauraceae)*
Portugiesischer Name: *barbusano*
Blütezeit: *Februar – Mai*
Heimat: *makaronesischer Endemit*

Bei den Lorbeergewächsen ist die Bestimmung nicht immer einfach. Den Barbusano kann man jedoch relativ leicht an seinen auffälligen Blättern erkennen. Bevor der Lorbeerwald unter Schutz gestellt wurde, war sein hartes Holz in der Möbelschreinerei begehrt.

Merkmale: Der immergrüne Baum erreicht eine Wuchshöhe von 20–25 m. Seine ledrig-glänzenden, dunkelgrünen Blätter sind oft von »warzenähnlichen« Ausschlägen besetzt, die von Milben verursacht werden. Der Baum bringt kleine unauffällige Blüten hervor. Seine blau-schwarzen Früchte gleichen in Form und Größe denen der Olive.

Verbreitung: Der auch auf den Zentral- und Westinseln der Kanaren weit verbreitete Baum siedelt auf Madeira im unteren Bereich des Lorbeerwaldes, bevorzugt in Lagen von 500–700 m; im Norden reicht er bis in die Küstenzone hinab. Ein betagtes Exemplar steht im Jardim Municipal in Funchal (S. 12).

1

1

1

2

2

Stinklorbeer *(Ocotea foetens)* 3

Familie: *Lorbeergewächse (Lauraceae)*
Portugiesischer Name: *til*
Blütezeit: *Mai – September*
Heimat: *makaronesischer Endemit*

Der immergrüne Baum ist ein prominentes Mitglied der Lorbeerwaldgesellschaft und eines der Wahrzeichen der Insel. Die mitunter bizarre Wuchsform versetzt auch botanische Laien ins Staunen und fordert geradezu zum Fotografieren auf. Seinem Namen wird der Stinklorbeer nur gerecht, wenn er frisch gefällt wird: Dann verströmt das Holz einen ziemlich strengen Geruch.

Merkmale: Der Baum erreicht eine Wuchshöhe von bis zu 30 m. Von den Verwandten ist er relativ einfach an seinen wie Eicheln in Fruchtbechern steckenden Früchten zu unterscheiden. Die Früchte sind olivengroß und von dunkelblauer bis schwarzer Farbe. Ein weiteres Erkennungsmerkmal sind zwei oder drei auffällige rundliche Drüsen an den Seitennerven der glänzenden Blätter. Die kleinen Blüten sind blassgelb.

Verbreitung: Das Vorkommen des Stinlorbeer ist auf Madeira und die Kanaren begrenzt. Stinklorbeerbäume wollen es besonders feucht, man findet sie daher vornehmlich am oberen Rand des Lorbeerwaldes in Höhenlagen zwischen 800 und 1300 m. Solitäre stehen jedoch auch bis hinab zur Küste. Den vielleicht schönsten Bestand gibt es im oft vom Passatnebel eingehüllten Fanal direkt gegenüber dem Forsthaus. Mit die ältesten Bäume stehen an einem Forstweg oberhalb des Kraftwerks Fajã da Nogueira, vermutlich gab es sie dort schon vor der Ankunft der Portugiesen im 15. Jahrhundert. Prächtige Individuen können außerdem im Arboretum des Botanischen Gartens Funchal, vor der Kirche in Santa Cruz und im Park der Quinta do Santo da Serra bestaunt werden.

Indische Persea *(Persea indica)* 4

Familie: *Lorbeergewächse (Lauraceae)*
Portugiesischer Name: *vinhático, loureiro real*
Blütezeit: *Mai – September*
Heimat: *makaronesischer Endemit*

Der Name dieses Lorbeerbaums geht auf eine Verwechslung zurück. Der Baum kommt nicht in Indien vor, sondern ist als makaronesischer Endemit außerhalb von Madeira nur auf den Azoren (eingebürgert) und den westlichen Kanaren zu Hause. Wegen seiner guten Holzqualität wird er oft auch Madeira- oder Kanaren-Mahagoni genannt, die Madeirer nennen ihn auch »Königlichen Baum«.

Merkmale: Der Baum wird 5–25 m hoch. Die lanzettlichen Blätter sind bis zu 20 cm lang und damit deutlich länger als die der anderen Lorbeerarten. Alte Blätter verfärben sich kupferrot, sie fallen zu allen Jahreszeiten ab. Die rispigen Blütenstände tragen kleine weißgelbe Blüten; die olivengroßen, fast schwarzen Früchte sind ein Leckerbissen für die im Lorbeerwald lebende Silberhalstaube.

Verbreitung: Auf Madeira reicht der Baum von der unteren Lorbeerwaldzone bis auf fast 1700 m hinauf. Ansehnliche Bestände gibt es u. a. im Gebiet von Fajã da Nogueira. Im Tal von Tabua ist die Indische Persea auch unterhalb von 400 m anzutreffen. Auch an Levadas ist sie zu finden, sie steht z. B. an der Levada Nova bei Prazeres, der Levada da Achada Grande oberhalb von Boaventura und der Levada da Ribeira da Janela im Nordwesten.

3

4

4

Ähnliche Arten: Die Indische Persea ist mit dem ursprünglich in Mexiko beheimateten Avocadobaum *(P. americana)* **4a** verwandt, der auch auf Madeira in größerem Umfang kultiviert wird. Die Rispen des immergrünen Baums sind mit zahlreichen gelb-grünen Einzelblüten besetzt. Die birnenförmigen Früchte, botanisch gesehen handelt es sich um Beeren, enthalten je nach Sorte 18 bis 26 Prozent fettes Öl. Haupterntezeit auf Madeira sind die Wintermonate.

Gagelbaum *(Myrica faya)* 5

Familie: *Gagelstrauchgewächse (Myricaceae)*
Portugiesischer Name: *faia das ilhas, samouco*
Blütezeit: *März – Mai*
Heimat: *makaronesischer Endemit*

Der Gagelbaum, er wird auch Wachsmyrte genannt, besetzt vornehmlich Gebiete, wo es für Lorbeerbäume bereits etwas zu trocken ist. Er steht dort vielfach in Gesellschaft mit Baumheide und der Madeira-Heidelbeere und kann zusammen mit diesen dichte Buschwälder ausbilden.

Merkmale: Das immergrüne Hartlaubgewächs wird in der Regel 2–6 m hoch, an geschützten Standorten auch über 10 m. Die ledrigen Blätter stehen wechselständig an den Zweigen und sind kaum von Lorbeerblättern zu unterscheiden. Die weidenkätzchenartigen Blütenstände tragen wenig attraktive blassgelbe bis grünliche Blüten. Der Baum bringt erbsengroße Früchte hervor, je nach Reifezustand variiert deren Farbe von grün über rot bis schwarz, meist sehen sie etwas verschrumpelt aus. Die reifen Früchte dienten früher getrocknet und gemahlen als Ergänzung zu Getreidegerichten.

Verbreitung: Der auf Madeira, den Azoren und Kanaren weit verbreitete Baum wächst vornehmlich ober- und unterhalb des Lorbeerwaldgürtels, vereinzelt reicht er bis fast an die Küste hinab. Häufig zu Gesicht bekommt man ihn beispielsweise an der Levada das Rabaças und an den Levadas im Gebiet von Rabaçal. Etliche Gagelbäume stehen im Botanischen Garten von Funchal.

Drüsiger Kreuzdorn *(Rhamnus glandulosa)* 6

Familie: *Kreuzdorngewächse (Rhamnaceae)*
Portugiesischer Name: *sanguinho*
Blütezeit: *März – April*
Heimat: *makaronesischer Endemit*

Der Name ist etwas irreführend, denn Dornen wird man an diesem immergrünen Baum aus der Lorbeerwaldgesellschaft vergebens suchen. Drüsen dagegen hat der Kreuzdorn schon. Seine kugeligen Früchte sind ein gefundenes Fressen für die Vögel des Lorbeerwaldes.

Merkmale: Der Baum erreicht eine Wuchshöhe von 4–8 m. Die auffälligen Drüsen befinden sich an den Seitennerven der ledrigen Blätter; die kleinen Blüten sind blassgelb. Die Früchte sitzen in großer Zahl dicht an den Zweigen; unreif sind sie rotbraun, ausgereift schwarz.

Verbreitung: Außer auf Madeira ist der Baum auch in den Lorbeerwäldern der Kanarischen Inseln zu Hause. Er siedelt in Lagen zwischen 500 und 1000 m. In Gärten findet man ihn beispielsweise an der Forellenzucht in Ribeiro Frio und im Jardim de Plantas Indígenas in São Vicente.

4a

5

5

6

6

Madeira-Stechpalme *(Ilex perado subsp. perado)* 7

Familie: *Stechpalmengewächse (Aquifoliaceae)*
Portugiesischer Name: *perado*
Blütezeit: *April – Mai*
Heimat: *Madeira-Endemit*

Die Madeira-Stechpalme hat mit ihren zahlreichen Verwandten gemein, dass sie zwar Palme heißt, doch überhaupt nicht danach aussieht und auch kein Palmengewächs ist. Die Gattung ist sehr anpassungsfähig und auf allen Kontinenten verbreitet. Auf Madeira kommt neben dieser endemischen Unterart auch die Kanaren-Stechpalme vor.

Merkmale: Das immergrüne Hartlaubgewächs wird maximal 5 m hoch. Die breiten jungen Blätter haben einen stachligen Rand (daher der Name), die älteren sind in der Regel ganzrandig. Der Baum bringt kleine cremeweiße Blüten mit einem Durchmesser von lediglich 5 mm hervor; im Herbst reifen erbsengroße Früchte von korallenroter Farbe heran.

Verbreitung: Der relativ seltene Baum ist im Lorbeerwald zwischen 600 und 1100 m beheimatet; man kann ihn beispielsweise nahe des Forsthauses in Portela, im Parque Ribeiro Frio und vor den Strohhäusern in Queimadas entdecken, auch im Botanischen Garten von Funchal wird man fündig.

Ähnliche Arten: Sehr ähnlich ist die Kanaren-Stechpalme *(I. canariensis)*, ihre Blätter sind etwas schmaler. Die Azoren-Stechpalme *(I. perado* subsp. *azorica)* hebt sich durch eine mehr rundliche Blattform ab. Der geografisch nächste Verwandte zu den makaronesischen Arten ist die in Süd- und Mitteleuropa verbreitete Europäische Stechpalme *(I. aquifolium)* **7a**, sie ist ein beliebtes Ziergewächs.

Großblättriges Johanniskraut *(Hypericum grandifolium)* 8

Familie: *Johanniskrautgewächse (Hypericaceae)*
Portugiesischer Name: *malfurada*
Blütezeit: *März – Juli*
Heimat: *makaronesischer Endemit*

Johanniskrautgewächse kommen auf der ganzen Welt vor, allein von der Gattung *Hypericum* gibt es mehr als 500 Arten. Von den acht auf Madeira heimischen steht das Großblättrige Johanniskraut am häufigsten am Wegrand.

Merkmale: Der Strauch erreicht eine Wuchshöhe von 0,5–1,8 m. Wie es der Name besagt, unterscheidet er sich von den meisten seiner Verwandten durch größere Blätter. Auch die leicht glänzenden goldgelben Blüten mit über die Kronblätter hinausstehenden Staubblättern fallen eine Idee größer aus als bei den anderen Arten.

Verbreitung: Das Großblättrige Johanniskraut kommt außer auf Madeira und Porto Santo auch auf den Kanaren vor. Auf Madeira liegt das Verbreitungsgebiet zwischen 300 und 1100 m. Die Pflanze siedelt bevorzugt im Halbschatten an den Rändern des Lorbeerwalds, u. a. im Gebiet Fajã da Nogueira und entlang vieler Levadas.

Ähnliche Arten: Das Drüsige Johanniskraut *(H. glandulosum)*, ein weiterer auf Makaronesien begrenzter Endemit, hebt sich von anderen Arten durch winzige schwarze Öldrüsen an den Blatträndern ab. Ebenfalls auf Madeira zu sehen ist das Kanaren-Johanniskraut *(H. canariensis)* **8a**, das zu bis zu 3 m hohen Sträuchern heranwachsen kann; verglichen mit *H. grandifolium* hat es längere schmale Blätter, die im Sommer meist abgeworfen werden.

7

7

7a

8a

8

Maiblumenbaum *(Clethra arborea)* 9

Familie: *Scheinellergewächse (Clethraceae)*
Portugiesischer Name: *folhado, folhadeiro*
Blütezeit: *August – Oktober*
Heimat: *makaronesischer Endemit*

Der Maiblumenbaum ist ein Charakterbaum des Lorbeerwaldes. Im Deutschen wird er wegen seiner hübschen kleinen Glockenblüten auch Maiglöckchen-Zimterle genannt. Fossile Blattfunde im Baltikum belegen, dass der Baum im Tertiär auch in Nordeuropa zu Hause war.

Merkmale: Der dicht belaubte immergrüne Baum wird 2–8 m hoch. Seine leicht gesägten, spitz zulaufenden Blätter sind mit 9–12 cm nur unwesentlich länger als die der Lorbeerbäume. Auf der Oberseite sind sie kahl und leicht glänzend, die Blattunterseite ist flaumhaarig. Der kurze Blattstiel ist rötlich und ebenfalls leicht behaart. Die weißen Blütenglöckchen hängen an 10–15 cm langen, aufrechten Trauben, sie duften aromatisch-süß.

Verbreitung: Der Maiblumenbaum ist auf Madeira wesentlicher Bestandteil des Lorbeerwaldes, er besetzt zahlreich die Höhenlagen zwischen 400 und 1000 m. Häufig kommt er in der Region um Ribeiro Frio vor; westlich vom Encumeada-Pass ist ein Tal (Folhadal) nach ihm benannt. Kultiviert steht der Maiblumenbaum u. a. im Botanischen Garten von Funchal, in Mitteleuropa gehört er zur Zierde von Tropenhäusern.

Kanarische Weide *(Salix canariensis)* 10

Familie: *Weidengewächse (Salicaceae)*
Portugiesischer Name: *seixeiro*
Blütezeit: *Januar – Februar*
Heimat: *makaronesischer Endemit*

Überall wo es feucht ist, fühlt sich die Kanarische Weide besonders wohl. Anders als auf Gran Canaria, wo sein Lebensraum zunehmend eingeschränkt wird, kann man das schlanke Bäumchen auf Madeira noch vielerorts entdecken. Auch wenn es gerade keine »Weidenkätzchen« trägt, ist es relativ leicht an den schmalen Blättern erkennbar. In der Botanik müssen die Blätter der Weide oft herhalten, um andere Arten zu bestimmen – so gibt es z. B. eine Weidenblättrige Birne, ein Weidenblättriges Ochsenauge und selbst eine Weidenblättrige Sonnenblume. Auf Madeira tragen die Kugelblume (S. 78), die Eberwurz (S. 56) und das Hasenohr (S. 74) den Artbeinamen *salicina, salicifolia* bzw. *salicifolium.*

Merkmale: Die Kanarische Weide erreicht auf Madeira eine Höhe von bis zu 7 m. Sie ist im Lorbeerwald eine der wenigen laubabwerfenden Baumarten. Die lanzettlichen Blätter sind an der Unterseite graugrün und leicht behaart und werden spätestens im Dezember abgeworfen. Bereits kurz darauf zeigen sich die ersten Blüten in Form von bis zu 3 cm lange Weidenkätzchen.

Verbreitung: Die Kanarische Weide kommt außer auf den Kanaren nur auf Madeira vor. Sie steht vielerorts an Bachläufen und nahe von Quellen, u. a. kann man sie im Flussbett der Ribeira de São Roque do Faial (s. Bild) und der Ribeira da Janela sehen, auch an vielen Levadas (Levada dos Tornos, Levada Nova) ist sie zu Hause.

Ähnliche Arten: Vornehmlich in der Gegend von Camacha wird die Korbweide *(S. viminalis)* **10a** kultiviert, aus Weidenruten flicht man dort Korbwaren und Souvenirs. Die Echte Trauerweide *(S. babylonica)* **10b** findet man mitunter als Parkbaum am Ufer von Gewässern.

9

9

10

10

10a

10b

Maulbeerblättrige Brennnessel *(Urtica morifolia)* 11

Familie: *Brennnesselgewächse (Urticaceae)*
Portugiesischer Name: *urtiga*
Blütezeit: *April – Juli*
Heimat: *makaronesischer Endemit*

Die Maulbeerblättrige Brennnessel ist eine von vier auf Madeira beheimateten Nesselarten. Ihre herzförmigen Blätter sind hübsch anzuschauen, doch genauso wie bei ihren Verwandten sollte man es tunlichst vermeiden, mit ihnen in Berührung zu kommen. In der Volksmedizin wird ein Aufguss aus den Blättern bei Erkrankungen der Atemwege verordnet.

Merkmale: Der am Grund verholzte Halbstrauch wird 0,5–1 m groß. Die gesägten Blätter sind mit feinen Brennhaaren besetzt, die mit einem säurehaltigen Sekret gefüllt sind. Bei Kontakt von außen brechen die Haarspitzen ab – so entstehen scharfe Bruchstellen, die in die Haut von Mensch oder Tier eindringen können, dabei die Brennflüssigkeit abgeben und schmerzhafte Entzündungen verursachen. Der ährenförmige Blütenstand der Nessel trägt eine Vielzahl von unauffälligen kleinen Blüten.

Verbreitung: Die Brennnesselart ist außer auf Madeira auch auf den Kanaren zu Hause, auf den Azoren gilt sie als eingebürgert. Sie bevorzugt schattige und feuchte Standorte im Lorbeerwald, kultiviert steht sie im Jardim Botânico Pequeno in Prazeres.

Ähnliche Arten: Nur im Madeira-Archipel, vornehmlich auf Porto Santo, kommt *U. portosanctana* vor.

Madeira-Storchschnabel *(Geranium maderense)* 12

Familie: *Storchschnabelgewächse (Geraniaceae)*
Portugiesischer Name: *gerânio da Madeira*
Blütezeit: *Februar – September*
Heimat: *Madeira-Endemit*

Das auffällige Storchschnabelgewächs gehört zu den botanischen Highlights Madeiras. Nicht nur die wunderhübschen purpurroten Blüten, auch die auf den ersten Blick wie ein Geflecht aus Luftwurzeln anmutenden Stängel zeugen von Extravaganz. Besonders schön: Die dekorativen Blüten erfreuen über einen Zeitraum von mehreren Wochen das Auge.

Merkmale: Für eine Geranienart kann sich die Wuchshöhe von 0,8–1,5 m durchaus sehen lassen. Charakteristisch sind die langen, violetten Stängel, die sich mit zunehmendem Alter nach unten krümmen. Die bis zu 45 cm breiten, gefiederten Blätter erinnern entfernt an Farnwedel. Die Blüte setzt sich aus fünf rosa bis purpurfarbenen Blütenblättern zusammen, diese werden von feinen Äderchen durchzogen. Das Zentrum der Blüte bildet ein dunkles Auge, aus dem ein dunkelroter Staubbeutel herausragt. Die Blütenstiele und Kelchblätter werden von ebenfalls purpurroten Härchen ummantelt. Klar, dass so ein Kleinod auch das Interesse von Züchtern in aller Welt geweckt hat – es gibt mittlerweile auch weißblühende Sorten.

Verbreitung: Das Storchschnabelgewächs bevorzugt feuchte Standorte in den Hochlagen des Lorbeerwaldes. Die Bestände in freier Natur sind allerdings relativ begrenzt. Kultiviert sieht man den Madeira-Storchschnabel in vielen botanischen Gärten, Hausgärten und Parkanlagen. Auch außerhalb von Madeira wird er in vielen botanischen Gärten gezogen.

11

12

12

Anemonenblättriger Storchschnabel
(Geranium palmatum) 13

Familie: *Storchschnabelgewächse (Geraniaceae)*
Portugiesischer Name: *passas, gerânio-folha-de-anémona*
Blütezeit: *März – September*
Heimat: *Madeira-Endemit*

Von den neun in Madeiras Lorbeerwäldern beheimateten »Storchschnäbeln« gibt es drei, die ausschließlich auf der Blumeninsel vorkommen. Anders als der berühmte, doch seltene Verwandte, der Madeira-Storchschnabel (S. 92), ist der Anemonenblättrige Storchschnabel an vielen Levadas ein ständiger Begleiter. Dritter im Bunde ist *G. rubescens*, der genauso wie seine Verwandten durch große Blütenstände auf sich aufmerksam macht. Er ist allerdings sehr selten.

Merkmale: Die drei Arten werden oft verwechselt. Alle haben von feinen Härchen besetzte Stängel und rosa- bis purpurfarbene Blüten. Die Blüten des Anemonenblättrigen Storchschnabels fallen jedoch etwas kleiner aus, auch das Blattwerk ist weniger üppig.

Verbreitung: Storchschnabelgewächse lieben bevorzugt feuchte und schattige Standorte im Lorbeerwald. Der Anemonenblättrige Storchschnabel besiedelt vornehmlich die Lagen zwischen 700 und 1000 m, an der Nordküste ist er gelegentlich auch unterhalb der Lorbeerwaldzone anzutreffen. Er steht an vielen Levadawegen, u. a. in den Regionen Rabaçal, Queimadas und Fajã da Nogueira.

Madeira-Fingerhut *(Isoplexis sceptrum* syn. *Digitalis sceptrum)* 14

Familie: *Wegerichgewächse (Plantaginaceae)*
Portugiesischer Name: *isoplexis*
Blütezeit: *Juni – August*
Heimat: *Madeira-Endemit*

Fingerhüte kommen fast auf allen Kontinenten vor, auf Madeira kann man neben dem weithin verbreiteten Roten Fingerhut (S. 96) auch eine endemische Art bewundern. Der Madeira-Fingerhut (auch Madeira-Schopffingerhut) ist einer der großen Stars der Madeiraflora, doch wie manche Stars es so an sich haben, lässt er sich nur sehr selten in der Öffentlichkeit blicken. Mit seinen leuchtenden Blütenkerzen könnte er durchaus etwas mehr Präsenz im Lorbeerwald zeigen.

Merkmale: Der ausdauernde Strauch erreicht eine Wuchshöhe von 0,5–3 m. Seine Stängel sind mit bis zu 40 cm langen, gesägten Blättern besetzt, deren Oberseite von einem zarten Flaum überzogen ist. Die Blütenkerze wird aus traubenartig angeordneten, glockenförmigen Blüten gebildet; diese zeichnen sich durch ein kräftiges Orangerot aus. Wie auch andere Fingerhüte ist der Madeira-Fingerhut giftig.

Verbreitung: Die auf Madeira begrenzte und sehr seltene Pflanze siedelt im Lorbeerwald in Lagen zwischen 600 und 1000 m an meist nur schwer zugänglichen Felshängen. Mit etwas Glück kann man sie im Gebiet zwischen Ribeiro Frio und Portela entdecken, kultiviert steht der Fingerhut u. a. im Jardim Botânico Pequeno in Prazeres. Der Madeira-Fingerhut gehört auch zur Sammlung vieler botanischer Gärten außerhalb Madeiras.

Ähnliche Arten: Auf Teneriffa und den Westkanaren ist der Kanarische Fingerhut *(I. canariensis)* **14a** zu Hause, auf Gran Canaria der in der Wuchsform eher zierliche Kupferfarbene Kanarenfingerhut *(I. chalcantha)*; beide Arten haben ebenfalls orangerote Blüten.

13

14

14a

Roter Fingerhut *(Digitalis purpurea)* 15

Familie: *Wegerichgewächse (Plantaginaceae)*
Portugiesischer Name: *abelouro, abelouro-vermelho u. a.*
Blütezeit: *April – September*
Heimat: *Europa*

Anders als der nur mit viel Glück anzutreffende Madeira-Fingerhut (S. 94) ist der Rote Fingerhut auf der Blumeninsel sehr häufig. Seine purpurrot leuchtenden Blütenstände sind an vielen Levadawegen ein ständiger Begleiter.

Merkmale: Die Pflanze erreicht eine Wuchshöhe von 0,6–1,5 m. An den vornehmlich im unteren Teil belaubten unverzweigten Stängeln bildet sich ein oft mehr als 50 cm langer Blütenstand aus. Wie für die Gattung typisch, sehen die traubenförmig angeordneten rosa- bis purpurfarbenen Blütenkelche wie Fingerhüte aus; die Innenseiten sind stark gepunktet. Die Blüte ist von der Größe ganz auf die Bestäubung durch Hummeln zugeschnitten, kleinere Insekten werden durch Schutzhaare an den Innenseiten des Blütenkelchs daran gehindert, an den Nektar heranzukommen. Alle Pflanzenteile sind giftig. Früher isolierte man aus dem Fingerhut Glykoside (Digitalis). Heute werden diese gegen Herzschwäche verordneten Wirkstoffe synthetisch gewonnen.

Verbreitung: Der Rote Fingerhut ist in ganz Westeuropa verbreitet. Auf Madeira ist er eingebürgert und reicht von den Küstenbergen bis ins Hochgebirge hinauf. Er liebt es feucht und steht von daher sehr oft in der Lorbeerwaldzone und an Levadas, u. a. an der Levada do Furado (S. 24), der Levada do Rei, der Levada da Serra und der Levada do Moinho (bei Achadas da Cruz), auch auf der Hochebene Feiteiras do Baixo findet man ihn.

Ähnliche Arten: Sehr hübsch, doch nur in Gärten anzutreffen, ist die weiß blühende Varietät ›Alba‹ **15a**. Diese wird u. a. in Palheiro Gardens kultiviert.

Niederliegende Sibthorpie *(Sibthorpia peregrina)* 16

Familie: *Wegerichgewächse (Plantaginaceae)*
Portugiesischer Name: *hera-terrestre, erva-redonda*
Blütezeit: *April – Oktober*
Heimat: *makaronesischer Endemit*

Die Niederliegende Sibthorpie ist eine typische Pflanze des Lorbeerwalds. Besonders groß ist sie nicht, doch kann sie leicht auf einer Levadawanderung entdeckt werden – sie siedelt meist unmittelbar über dem Wasserkanal.

Merkmale: Die Niederliegende Sibthorpie wird weniger als 30 cm hoch, breitet sich jedoch mit ihren niedergestreckten meterlangen Stängeln weitflächig über den Boden aus. Die Pflanze ist leicht an ihren nierenförmigen, fast rundlichen Blättern erkennbar, diese sind stark behaart und werden im Durchmesser bis zu 6 cm groß. Die kleinen Blüten (ca. 1 cm) mit sechs gelben Blütenblättern sitzen einzeln an einem ebenfalls behaarten langen Stielchen. Den Blättern wird bei Erkältungen eine schleimlösende Wirkung zugesprochen, sie können als Tee aufgegossen werden.

Verbreitung: Die Sibthorpie ist als Bodendecker außer im Lorbeerwald auch an anderen feucht-schattigen Standorten auf der Insel weit verbreitet und reicht von küstennahen Lagen ab 150 m bis auf 1400 m hinauf. Levadawanderer finden sie beispielsweise an der Levada do Furado, Levada do Caldeirão Verde und Levada das 25 Fontes (S. 26). In Palheiro Gardens hat sie im Vale do Inferno eine Nische gefunden.

15

15

15a

16

Wollaston-Musschie *(Musschia wollastonii)* 17

Familie: *Glockenblumengewächse (Campanulaceae)*
Portugiesischer Name: *múchia de Wollaston, tangerão bravo*
Blütezeit: *August – November*
Heimat: *Madeira-Endemit*

Die Wollaston-Musschie gibt es ausschließlich auf Madeira, wild wachsend wird die seltene Pflanze allerdings nur mit etwas Glück zu entdecken sein. Doch wenn dann ein Exemplar dieser, was die Blüte betrifft, einzigartigen Pflanze neben einer Levada steht, ist die Überraschung umso größer. Riesenglockenblume wird sie mitunter genannt, nicht wegen der relativ kleinen Blüten, sondern wegen des reich verzweigten großen Blütenstandes.

Merkmale: Der stark verzweigte Halbstrauch wird 0,5–2 m hoch. Mit seinem rosettenförmig angeordneten opulenten Blattwerk aus bis zu 80 cm langen und 15 cm breiten gezähnten Blättern macht er auch außerhalb der Blütezeit eine gute Figur. Der stark verzweigte Blütenstand in Form einer Pyramide erreicht eine Höhe von bis zu 1 m und trägt Hunderte gelbrote bis purpurfarbene Einzelblüten.

Verbreitung: Wild wachsend kommt die Wollaston-Musschie an feucht-schattigen Standorten im Lorbeerwald vor, bevorzugt in Lagen zwischen 600 und 1000 m. Leicht finden kann man sie im Parque Florestal Ribeira Frio (und auch auf dem Wanderweg nach Balcões vor der Snackbar Flor da Selva), an der Casa de Abrigo in Queimadas und im Jardim Botânico Pequeno in Prazeres.

Ähnliche Arten: Die Gattung Musschia besteht lediglich aus drei Arten, die alle ausschließlich im Madeira-Archipel beheimatet sind. Außer der oben vorgestellten Art umfasst die Gattung die Gold-Musschie *(M. aurera,* S. 76*)* und die nur auf der vorgelagerten Felseninsel Deserta Grande vorkommende *M. isambertoi.*

Großblättrige Brombeere *(Rubus serrae* syn. *R. grandifolius)* 18

Familie: *Rosengewächse (Rosaceae)*
Portugiesischer Name: *silvado*
Blütezeit: *April – September*
Heimat: *Madeira-Endemit*

Wanderer haben ein mitunter zwiespältiges Verhältnis zur Brombeere. Auf den schmalen Levadawegen ranken ihre stachligen Zweige oft über den Weg und hinterlassen nicht selten brennende Kratzspuren auf der Haut. Von seiner besten Seite zeigt sich das Rosengewächs zur Blüte – und nicht zuletzt zur »Erntezeit« im Herbst. Die essbaren, fast kugeligen Beeren, botanisch korrekt ausgedrückt sind es Sammelsteinfrüchte, werden traditionell zu Marmelade und Likör verarbeitet.

Merkmale: Der ausdauernde Strauch wird 1–2 m hoch. Seine meist bogenförmigen, robusten Ranken sind mit etwa 3 mm großen Stacheln besetzt. Die gesägten Blätter stehen in Fünfergruppen an den Zweigen, wobei das endständige Blatt mehr als 10 cm lang werden kann. Aus den hübsch anzusehenden weißen Blüten ragen zahlreiche Staubbeutel heraus.

Verbreitung: Die Großblättrige Brombeere ist auf Madeira begrenzt. Sie bevorzugt feuchte, halbschattige Standorte im Lorbeerwald und wuchert vornehmlich an Straßenböschungen und Levadawegen, auf der Nordseite u. a. entlang der Levada do Rei nahe São Jorge, im Gebiet Fajã da Nogueira und den Levadas im Gebiet von Boaventura.

17

17

17

18

Weißes Gliedkraut *(Sideritis candicans* var. *candicans)* 19

Familie: *Lippenblütler (Lamiaceae)*
Portugiesischer Name: *erva-branca, selvageira*
Blütezeit: *März – Juli*
Heimat: *Madeira-Endemit*

Gliedkräuter sind außer auf Madeira und den Kanaren im ganzen Mittelmeerraum zu Hause, sie kommen auch in Kleinasien und dem tibetischen Hochland vor. Aus einigen Arten, etwa *S. scardica*, wird der bei Erkältungskrankheiten geschätzte Griechische Bergtee gewonnen. Der auf Madeira verbreiteten Art wird ebenfalls eine entzündungshemmende Wirkung zugeschrieben.

Merkmale: Der kleine Strauch wird 40–100 cm hoch. Seine bis zu 10 cm langen, herzförmigen Blätter werden von einem hellen Rand eingefasst. Die kleinen gelben Blüten stehen gestielt an dem bis zu 30 cm langen, verzweigten Blütenstand. Alle Pflanzenteile sind von einem weißgrauen Flaum überzogen.

Verbreitung: Der endemische Strauch ist im Lorbeerwald recht häufig, darüber hinaus ist er auch in Höhenlagen von bis zu 1700 m hinauf zu finden. Unter anderem trifft man das Weiße Gliedkraut in der Region Fajã da Nogueira und am Wanderweg vom Pico do Arieiro zum Pico Ruivo an.

Ähnliche Arten: Die sehr seltene Varietät *S. candicans* var. *crassifolia* ist außer an den Steilküsten der Halbinsel São Lourenço auch auf den Desertas-Inseln zu Hause. Auf den Kanaren konnten die Gliedkräuter 24 endemische Arten ausbilden, etwa das Kanaren-Gliedkraut *(S. canariensis)*; diese beschränken sich oft nur auf eine Insel oder einen Inselteil.

Strauch-Gänsedistel *(Sonchus fruticosus)* 20

Familie: *Korbblütler (Asteraceae)*
Portugiesischer Name: *leituga, lingua de vaca, serralha da rocha*
Blütezeit: *Juni – August*
Heimat: *Madeira-Endemit*

Im makaronesischen Raum konnte die Gänsedistel allein auf den Kanaren rund 25 endemische Arten ausbilden. Auch Madeira kann mit einer Art aufwarten, die es sonst nirgends gibt: Kuhzunge wird die Strauch-Gänsedistel u. a. auf der Insel genannt, vielleicht, weil sie bis heute an das Vieh verfüttert wird. Sie ähnelt dem Löwenzahn, ist jedoch weitaus größer. Mit ihrem üppigen Blattwerk fällt sie auch außerhalb der sommerlichen Blütezeit auf. Der Name Distel ist irreführend, da die Pflanze überhaupt nichts Stachliges oder Dorniges an sich hat.

Merkmale: Der ausdauernde Strauch kann eine Wuchshöhe von über 3 m erreichen, oft beschränkt er sich auf 1,5 m. Die Stängel enthalten einen ungiftigen Milchsaft. Die wie beim Löwenzahn gelappten Blätter sind bis zu 60 cm lang. Der verzweigte Blütenstand setzt sich aus einer Vielzahl von gelben Blütenköpfchen zusammen.

Verbreitung: Die Strauch-Gänsedistel ist ein typisches Mitglied der Begleitflora des Lorbeerwalds. Sie wächst oft unter Lorbeerbäumen und ist auch viel an Levadas zu sehen. Prächtige Exemplare stehen u. a. in Ribeiro Frio, Queimadas, Rabaçal und am Fuß der Südwand des Pico Grande (am Wanderweg nach Encumeada).

Ähnliche Arten: Verwandt sind die Gefiederte Gänsedistel *(S. pinnatus)* **20a**, die vornehmlich oberhalb der Lorbeerwaldzone siedelt, und die Küsten-Gänsedistel *(S. ustulatus)* **20b**, die in der Küstenzone mit zwei Unterarten vertreten ist.

19

20

20

20a

20b

Mexikanisches Berufkraut *(Erigeron karvinskianus)* 21

Familie: *Korbblütler (Asteraceae)*
Portugiesischer Name: *margacinhas, vitadinia-das-floristas*
Blütezeit: *März – September*
Heimat: *Zentralamerika (Mexiko, Guatemala)*

Levadawanderer begegnen dem leicht zu bestimmenden Berufkraut auf Schritt und Tritt. Es sieht fast wie ein Gänseblümchen aus und wird von daher auch Spanisches Gänseblümchen oder Mauer-Gänseblümchen genannt. Der Gattungsname *Erigeron*, er geht auf Carl von Linné zurück, ist dem Griechischen entlehnt und heißt so viel wie »wolliger Greis« – verblüht zeigt sich das Köpfchen des Berufkrauts wie von weißen Haaren überzogen. Der Artbeiname ehrt den ungarisch-deutschen Botaniker Wilhelm Friedrich von Karwinsky von Karwin (1780–1855), der in Mittel- und Südamerika viele Jahre botanischen Studien nachging.

Merkmale: Das Mexikanische Berufkraut wird 20–40 cm hoch. Die stark verzweigte krautige Pflanze liebt vor allem feuchte Standorte, wo sie sich mitunter raumgreifend ausbreitet. Die dreilappigen Blätter sind behaart und weisen eine weiche, stachelige Spitze auf. Das gelbe Körbchen im Zentrum des Blütenköpfchens wird von 5–6 mm langen weißen bis weinroten Zungenblüten eingefasst.

Verbreitung: Ursprünglich im 18. Jahrhundert aus Übersee als Ziergewächs nach Europa eingeführt, kommt das Berufkraut verwildert außer auf Madeira, den Azoren und Kanaren auch in Südeuropa und entlang der nordafrikanischen Küste vor. Das Verbreitungsgebiet auf Madeira reicht von der Küste bis auf 1000 m hinauf. Das Berufkraut ist ein invasives Gewächs, mitunter überzieht es Hänge, Felsen und Mauern wie mit einem Teppich und macht so vielerorts anderen Pflanzen den Platz streitig. Auf Madeira sieht man es oft an Straßenrändern und an fast jeder Levada (u. a. sehr häufig an der Levada 25 Fontes und der Levada do Furado), auch vor dem Lorbeerwald hat es nicht Halt gemacht.

Ähnliche Arten: Die Gattung der Berufkräuter umfasst rund 400 Arten, einige davon, etwa das Scharfe Berufkraut *(E. acris)*, kommen auch in Deutschland vor. Der deutsche Name Berufkraut wird mit schwarzer Magie und Hexerei in Verbindung gebracht: Berufen (auch beschreien) ist ein anderes Wort für verhexen. Mit dem Sud von Berufkräutern (dazu gehören u. a. Leinkraut und Schafgarbe) wollte man früher Krankheiten heilen – von einem Zauberspruch begleitet sollte die Krankheit vom Mensch auf die Pflanze übergehen.

Drüsiger Wasserdost *(Ageratina adenophora)* 22

Familie: *Korbblütler (Asteraceae)*
Portugiesischer Name: *abundância*
Blütezeit: *März – Juli*
Heimat: *Mexiko*

Der ursprünglich aus Mittelamerika stammende Drüsige Wasserdost kommt auf allen Kontinenten vor. Er gilt als invasiv und verdrängt nicht selten die lokale Flora von ihrem angestammten Platz. Von daher wird der Korbblütler vielerorts bekämpft.

Merkmale: Der mehrjährige krautige Strauch erreicht eine Wuchshöhe von 0,3–1,2 m. Die gesägten, spitz zulaufenden Blätter sitzen an rostroten Stielen. Die aus cremeweißen kleinen Röhren gebildeten Blütenköpfchen stehen eng beieinander.

21

21

22

Verbreitung: Der portugiesische Name »Abundância« (Fülle, Überfluss) weist bereits darauf hin, dass der Korbblütler vielerorts stark vertreten ist. Er steht an Straßenrändern, Bachläufen, Levadas und am Fuß von Wasserfällen, auch an feuchten Standorten im Lorbeerwald ist der Strauch weit verbreitet.

Stinkende Strohblume *(Helichrysum foetidum)* 23

Familie: *Korbblütler (Asteraceae)*
Portugiesischer Name: *traqueiro*
Blütezeit: *Juni – September*
Heimat: *südliches Afrika (Südafrika, Lesotho, Swasiland)*

Die Stinkende Strohblume zeigt sich selten allein. Meist steht sie mit ihren aufrechten Stängeln in großen Gruppen in Reih und Glied nebeneinander. Sofern man sie nicht anfasst, fällt sie eigentlich gar nicht unangenehm auf.

Merkmale: Der Korbblütler wird 0,3–1,2 m hoch. Die schmalen Blätter, sie sind an der Unterseite schwach graufilzig behaart, sitzen wechselständig am aufrechten Stängel, der sich im oberen Teil mehrfach verzweigt. Die Körbchen sind mit zahllosen gelben Röhrenblüten gefüllt und werden von blassgelben Hüllblättern eingefasst. Der Beiname *foetidum* deutet auf üblen Geruch hin. Bei der Stinkenden Strohblume tritt dieser nur auf, wenn man die Pflanze anfasst.

Verbreitung: Die Stinkende Strohblume kommt als Neophyt außer in Madeira u. a. auf der Iberischen Halbinsel, Hawaii und La Réunion vor. Auf Madeira ist sie oft entlang von Waldwegen zu sehen, etwa nahe der Casa das Funduras bei Portela und im Gebiet des Kraftwerks Fajã da Nogueira.

Madeira-Cinerarie *(Pericallis aurita)* 24

Familie: *Korbblütler (Asteraceae)*
Portugiesischer Name: *erva de coelho*
Blütezeit: *Mai – Juli*
Heimat: *Madeira-Endemit*

Die Madeira-Cinerarie gehört mit zu den hübschesten Arten der Begleitflora im Lorbeerwald. Die auch Madeira-Greiskraut genannte Blütenpflanze will es möglicht feucht und schattig haben, besonders wohl fühlt sie sich an Levadas und ganzjährig fließenden Bachläufen.

Merkmale: Der ausdauernde Strauch erreicht eine Wuchshöhe von 0,5–1,5 m. Die verzweigten Stängel sind mit teils großen oval- bis herzförmigen Blättern besetzt, die Blattunterseite ist weißlich behaart. Die Blütenköpfchen stehen eng zusammen; die Zungenblüten sind blassrosa, das Körbchen hebt sich durch ein sattes Violett ab.

Verbreitung: Die Pflanze favorisiert Standorte im Unterwuchs des Lorbeerwalds in Lagen zwischen 700 und 1200 m. Sie findet sich darüber hinaus an Straßenböschungen und Levadas, in vielen Gärten wird sie als Zierpflanze kultiviert. Oft zu sehen ist sie u. a. in der Region Ribeiro Frio sowie im Nordwesten entlang der Levada Nova (S. 27) und der Levada do Moinho. Außer auf Madeira kommt sie lediglich noch auf der Nachbarinsel Porto Santo vor.

Ähnliche Arten: Auf den Kanaren gibt es gleich zwölf endemische Cinerarien-Arten; deren Blütenfarbe reicht von cremig-weiß über rosa bis zu kräftigem purpurrot. Nur auf den Azoren zu Hause ist die Malvenblättrige Cinerarie *(P. malvifolia)*, sie zeichnet sich durch weiße bis blassviolette Zungenblüten aus.

23

23

24

Madeira-Teline *(Teline maderensis* syn. *Genista maderensis)* 25

Familie: *Hülsenfrüchtler (Fabaceae)*
Portugiesischer Name: *piorno*
Blütezeit: *April – Oktober*
Heimat: *Madeira-Endemit*

Der hübsche Schmetterlingsblütler wird auch Madeira-Kleestrauch oder Madeira-Geißklee genannt. Auf den ersten Blick könnte man den Inselendemit für Besenginster (S. 140) halten. Wanderer wissen es zu schätzen, dass die Teline dornenfrei ist.

Merkmale: Der immergrüne Strauch wird 1–3 m hoch, an günstigen Standorten kann er zu einem Kleinbaum von bis zu 6 m Höhe auswachsen. Wie beim Besenginster stehen die elliptischen Blätter in Dreiergruppen beieinander, sind jedoch etwas größer. Die gelb leuchtenden Schmetterlingsblüten verströmen einen zarten Duft.

Verbreitung: Das Verbreitungsgebiet der Teline erstreckt sich von der oberen Zone des Lorbeerwalds bis hinauf zu den höchsten Gipfeln des Zentralmassivs. Entdecken kann man den Hülsenfrüchtler beispielsweise in der Region Fajã da Nogueira, in Rabaçal an der Levada da Rocha Vermelha, der viel begangenen Levada das 25 Fontes (S. 26) und auf dem spektakulären Höhenweg zwischen Pico do Arieiro und Pico Ruivo (S. 30).

Ähnliche Arten: Die Varietät *T. maderensis* var. *paivae* kommt vornehmlich in der Küstenzone vor, außer auf Madeira auch auf den Desertas-Inseln. Sie unterscheidet sich durch weniger zugespitzte Blätter von der Madeira-Teline. Auf den Kanaren hat die Teline neun Verwandte, darunter die auf Gran Canaria und Teneriffa beheimatete Kanaren-Teline *(T. canariensis)*.

Honig-Wolfsmilch *(Euphorbia mellifera)* 26

Familie: *Wolfsmilchgewächse (Euphorbiaceae)*
Portugiesischer Name: *alindres*
Blütezeit: *Februar – Juli*
Heimat: *makaronesischer Endemit*

Die Honig-Wolfsmilch ist eine von vier auf Madeira vorkommenden wild wachsenden Wolfsmilcharten. Während ihre Verwandten allesamt in der Küstenzone zu Hause sind, sieht man die Honig-Wolfsmilch vornehmlich im Lorbeerwald. Sie macht durch ihren von langen Blättern gebildeten rosettenförmigen Schopf auf sich aufmerksam.

Merkmale: Die strauch- bis baumförmige Wolfsmilch wird 2–5 m hoch. Charakteristisch sind die für die Größe verhältnismäßig schlanken Äste, an deren Ende sich ein Schopf aus eng zusammenstehenden Blättern entfaltet. Diese sind 15–20 cm lang und werden von einem kräftigen Mittelnerv durchzogen. Der Name der Wolfsmilch wird auf die entfernt wie Honig duftenden kleinen Scheinblüten (Cyathien) zurückgeführt. Der in allen Pflanzenteilen enthaltene Milchsaft ist giftig.

Verbreitung: Die Honig-Wolfsmilch kommt auf Madeira relativ häufig vor, auf den Kanaren eher selten. Sie liebt feucht-schattige Standorte und reicht von der unteren Zone des Lorbeerwalds bis auf 1100 m hinauf. Schöne Bestände gibt es u. a. an der Südwand des Pico Grande entlang des alten Königswegs (Vereda da Encumeada) und an der Levada das Rabaças. Angepflanzt kann man sie beispielsweise im Stadtpark von Monte und dem Parque Florestal in Ribeiro Frio bewundern, in Mitteleuropa sieht man sie mitunter als Kübelpflanze.

25

25

26

26

Felsen-Nabelkraut *(Umbilicus rupestris)* 27

Familie: *Dickblattgewächse (Crassulaceae)*
Portugiesischer Name: *umbigo-de-vénus, bacelos u. a.*
Blütezeit: *März – Juli*
Heimat: *Süd- und Westeuropa*

Das auffällige Dickblattgewächs wird auch Hängendes Nabelkraut und Echter Venusnabel genannt. Der Beiname *rupestris* weist auf seinen bevorzugten Standort an Felswänden hin.

Merkmale: Die krautige Pflanze wird 10–50 cm hoch. An der Basis bildet sie dickfleischige Blätter mit einem Durchmesser von bis zu 15 cm aus. Diese sind am Stiel nierenförmig eingeschnitten und nehmen im oberen Teil der Pflanze im Umfang progressiv ab – oft gleicht das Gewächs so einer kleinen Pyramide. Die aufrecht stehenden Stängel sind mit gelblichen, länglichen Blüten mit röhrenförmiger Krone besetzt.

Verbreitung: Das Felsen-Nabelkraut ist auf der Iberischen Halbinsel und in weiten Teilen des Mittelmeerraums verbreitet. Auf Madeira kann man es von der unteren Lorbeerwaldzone bis hinauf ins Hochgebirge auf über 1700 m antreffen, so etwa auf dem Wanderweg von Achada do Teixeira zum Pico Ruivo (S. 31) und entlang der Levada das Rabaças (S. 25).

Ähnliche Arten: Kaum vom Felsen-Nabelkraut zu unterscheiden ist das ebenfalls auf Madeira verbreitete Cadiz-Nabelkraut *(U. gaditanus)*, es kommt auch auf den Kanaren und im westlichen Mittelmeerraum vor. Auf den Azoren und rund um das Mittelmeer ist das Waagerechte Nabelkraut *(U. horizontalis)* beheimatet. Bei diesem stehen die Blüten waagerecht am Stiel, während sie bei *U. rupestris* nach unten hängen.

Hain-Veilchen *(Viola riviniana)* 28

Familie: *Veilchengewächse (Violaceae)*
Portugiesischer Name: *violetas-bravas, bonelas*
Blütezeit: *März – August*
Heimat: *Europa*

Von den drei auf Madeira vorkommenden Veilchenarten ist das Hain-Veilchen am häufigsten. Man muss allerdings genau hinsehen – im Vergleich zu dem vornehmlich in Mitteleuropa weit verbreiteten Garten-Stiefmütterchen *(V. wittrockiana)* fällt es von der Größe eher bescheiden aus. Auch den lieblichen Duft wird man vielleicht vermissen, doch hübsch anzuschauen ist es auf jeden Fall. Der Artbeiname ehrt den Leipziger Arzt, Botaniker und Astronom August Quirinus Rivinus (1652–1723). Rivinus beobachtete die Sonnenflecken und schaute dabei so oft ungeschützt zu dem Himmelsgestirn auf, dass er schließlich erblindete.

Merkmale: Das sommergrüne Hain-Veilchen wird 10–30 cm groß. Die hell- bis dunkelvioletten Blütenblätter sind gut 2 cm lang, das unterste Kronblatt zeichnet sich durch dunkle Adern aus.

Verbreitung: Das winterharte Veilchen kommt in weiten Teilen Europas in Laubwäldern vor, in Madeira gilt es als eingebürgert. Es ist überall dort zu Hause, wo es feucht ist, also im Lorbeerwald und entlang von schattigen Levadawegen. Man findet es u. a. an der Levada do Furado (S. 24) und der Levada do Caldeirão Verde; im Zentralmassiv steht es am Wanderweg zwischen dem Pico do Arieiro und dem Pico Ruivo (S. 30).

Ähnliche Arten: Dem Hain-Veilchen ähnlich, doch seltener anzutreffen, ist das Duft-Veilchen, das auf Madeira eine endemische Unterart ausgebildet hat *(V. odorata* subsp. *maderensis)*. Zum Madeira-Veilchen siehe S. 146.

27

27

28

28

Silber-Schmiele *(Deschampsia argentea)* 29

Familie: *Süßgräser (Poaceae)*
Portugiesischer Name: *barba de bode*
Blütezeit: *Juni – September*
Heimat: *Madeira-Endemit*

Kaum ein Wasserfall oder eine Levada, neben der nicht die Silber-Schmiele wuchert! Das Süßgras besiedelt vielerorts Felswände, immer vorausgesetzt, dass diese von herabströmendem Wasser feucht gehalten werden.

Merkmale: Das Horste bildende Gras ist leicht an seinen bis zu 40 cm langen, fadenförmigen Blättern von lediglich 1–2 mm Breite zu bestimmen. Es wurzelt oft an senkrechtem Fels und hängt dann in dichten Büscheln und häufig von Wasser überrieselt herab. An dem rispigen Blütenstand sitzen unscheinbare kleine Blüten.

Verbreitung: Die Silber-Schmiele siedelt auf Madeira von der Küste bis in Lagen von 1500 m. Sie wächst bevorzugt an Wasserfällen (z. B. am Risco-Wasserfall in Rabaçal) und Wasserläufen im Lorbeerwald, u. a. an der Levada do Rei und der Levada do Caldeirão Verde.

Madeira-Holunder *(Sambucus lanceolata)* 30

Familie: *Moschuskrautgewächse (Adoxaceae)*
Portugiesischer Name: *sabugueiro da Madeira*
Blütezeit: *Mai – Juni*
Heimat: *Madeira-Endemit*

Wer den in Mitteleuropa heimischen Schwarzen Holunder *(S. nigra)* kennt, wird keine Mühe haben, den täuschend ähnlich aussehenden Madeira-Holunder zu bestimmen. Das Problem ist nur, dass er nicht allzu häufig zu sehen ist.

Merkmale: Der Strauch oder kleine Baum wird bis zu 7 m hoch. Er hat gesägte längliche Laubblätter, die er im Herbst abwirft. Der Blütenstand setzt sich aus mehr als 100 kleinen weißen Blüten zusammen. Die kugeligen Steinfrüchte sind grauschwarz.

Verbreitung: Der Madeira-Holunder bevorzugt feuchte Standorte im Lorbeerwald, vereinzelt steht er an offenen Hängen der Küstenberge. Einfach zu sehen bekommt man ihn am Straßenrand in Pico das Pedras und im Jardim Botânico Pequeno in Prazeres.

Madeira-Braunwurz *(Scrophularia hirta)* 31

Familie: *Braunwurzgewächse (Scrophulariaceae)*
Portugiesischer Name: *escrufulária*
Blütezeit: *Mai – September*
Heimat: *Madeira-Endemit*

Die große Familie der Braunwurzgewächse (früher als Rachenblütler bezeichnet) umfasst so prominente Gattungen wie die Königskerze und den Sommerflieder. Die Madeira-Braunwurz macht durch ausgesprochen hübsche kleine Blüten auf sich aufmerksam.

Merkmale: Die ausdauernde Pflanze wird 1,5–2 m hoch. An den kantigen Stängeln sitzen bis zu 25 cm lange gesägte Blätter. Die dunkel- bis braunroten Blüten haben die typische Form einer Rachenblüte, wie man sie auch von Fingerhut und Löwenmaul kennt.

Verbreitung: Die nur im Madeira-Archipel vorkommende Art ist im Lorbeer-

29

30

30

31

wald und an offenen Standorten im Hochland zu Hause. Zu sehen bekommt man sie zum Beispiel südlich von der Hochebene Paul da Serra an der fast 1400 m ü. d. M. verlaufenden Levada da Bica da Cana.

Ähnliche Arten: Ebenfalls auf Madeira endemisch sind *S. lowei* und *S. racemosa*. *S. lowei* trägt mit purpurnen Flecken gesprenkelte weiße Blüten, *S. racemosa* hebt sich von *S. hirta* durch rötliche Stängel ab.

Kletternder Mäusedorn *(Semele androgyna)* 32

Familie: *Spargelgewächse (Asparagaceae)*
Portugiesischer Name: *alegra-campo*
Blütezeit: *Dezember – Mai*
Heimat: *makaronesischer Endemit*

Eine ungewöhnliche Pflanze, die durch ihre akkurat angeordneten »Blätter« aus dem mitunter dschungelartigen Wald heraussticht und ihre kleinen Blüten und Früchte an unvermuteter Stelle zur Schau stellt! Nicht von ungefähr gehört der Kletternde Mäusedorn zur Sammlung vieler botanischer Gärten, doch kann man das auch Zwittrige Semele genannte Spargelgewächs vielerorts in seinem natürlichen Lebensraum entdecken.

Merkmale: Sofern sie eine Aufstiegshilfe findet, klettert die immergrüne Pflanze bis zu 10 m hinauf. Die nur etwa 5 mm großen cremeweißen Blüten bilden sich auf sogenannten Phyllokladien von bis zu 14 cm Länge. Diese sehen echten Blättern täuschend ähnlich, genau genommen handelt es sich jedoch um Seitensprosse. Die eigentlichen Blätter am Grund der Pflanze sind kaum 1 cm lang. Die Blüten sitzen am Rand der Sprosse, die erbsengroßen, anfangs grünen, später roten Früchte hängen folglich ebenfalls am Rand.

Verbreitung: Der auch auf den Westkanaren vorkommende Kletternde Mäusedorn findet sich im Unterwuchs des Lorbeerwalds. An der Nordküste Madeiras sieht man ihn vornehmlich in Lagen zwischen 300 und 600 m, etwa an der Levada do Castelejo, der Levada da Achada Grande bei Boaventura und der Levada da Ribeira da Janela bei Lamaceiros.

Edle Phyllis *(Phyllis nobla)* 33

Familie: *Rötegewächse (Rubiaceae)*
Portugiesischer Name: *cabreira*
Blütezeit: *April – Juli*
Heimat: *makaronesischer Endemit*

Die riesengroße Familie der Rötegewächse umfasst mehr als 10.000 Arten, die bekannteste davon ist der Kaffeestrauch. Relativ unscheinbar, doch dafür mit erlesenem Namen, kommt die Edle Phyllis daher. Sie ist auf Madeira recht häufig zu finden.

Merkmale: Der aufrecht stehende immergrüne Halbstrauch wird 0,5–1 m hoch. Seine schmalen lanzettlichen Blätter stehen in Wirteln zusammen. Die Blätter können bis zu 14 cm lang sein, sie sind schwach klebrig und leicht glänzend. Die kleinen weißlichen Blüten sitzen an bis zu 30 cm langen Rispen.

Verbreitung: Der auch auf den Kanaren vorkommende makaronesische Endemit siedelt von der Küste bis in Lagen von 1400 m; sehen kann man die Pflanze zum Beispiel am Encumeada-Pass und im Jardim Botânico Pequeno in Prazeres.

32

32

33

Madeira-Heidelbeere *(Vaccinium padifolium)* 34

Familie: *Heidekrautgewächse (Ericaceae)*
Portugiesischer Name: *uveira, uva da serra*
Blütezeit: *Mai – Juli*
Heimat: *Madeira-Endemit*

Um die Madeira-Heidelbeere zu pflücken, braucht man sich nicht zu bücken, vielmehr wollen die Hände weit in die Höhe gestreckt werden, um an die obersten Zweige des hohen Strauchs heranzukommen. Erntereif sind die Beeren ab Anfang August; doch auch die Blütezeit im Frühsommer hat ihren Reiz, wenn die Sträucher mit Hunderten Blütenglöckchen behangen sind.

Merkmale: Der verzweigte Strauch wird 1,5–3 m hoch. Seine elliptischen Blätter sind immergrün, häufig auch rötlich gefärbt. Die weißroten, glockenähnlichen Blüten sind ausgesprochen hübsch, die Beeren zur Vollreife blauschwarz und wohlschmeckend. Lokal werden sie zu Marmelade eingekocht, auch macht man daraus einen Likör. Früher wurden die Beeren auch verwendet, um dem Madeira-Rotwein eine kräftigere Farbe zu geben.

Verbreitung: Das Verbreitungsgebiet der Madeira-Heidelbeere erstreckt sich vom Lorbeerwald bis hinauf zum Fuß der höchsten Gipfel. Ausgedehnte Bestände finden sich u. a. im Bergland an der Stichstraße zum Pico do Arieiro und auf dem Wanderweg vom Encumeada-Pass in Richtung Pico Ruivo. Kaum eine Chance richtig auszureifen haben die Beeren an den viel begangenen Levadawegen in Rabaçal und entlang der Levada do Furado (S. 24).

Großblättriger Hahnenfuß *(Ranunculus cortusifolius)* 35

Familie: *Hahnenfußgewächse (Ranunculaceae)*
Portugiesischer Name: *ranúnculo, doiradinha*
Blütezeit: *März – Juni*
Heimat: *makaronesischer Endemit*

Zur Familie der Hahnenfußgewächse gehören ausgesprochen hübsche Wildblumen, wie Anemone, Christrose und Rittersporn. Madeira kann mit einem der Namensgeber der Familie aufwarten: Der Großblättrige Hahnenfuß zeichnet sich durch besonders große Blätter aus. Sehr attraktiv sind seine wie lackiert aussehenden goldgelben Blüten.

Merkmale: Der krautige Strauch wird 60–90 cm hoch. Seine gelappten, rundlichen Grundblätter haben einen Durchmesser von fast 30 cm; die fünf Kronblätter der Blüte sind von leuchtend gelber Farbe.

Verbreitung: Außer auf Madeira ist die Art auch auf den Azoren und Kanaren anzutreffen. Die robuste Pflanze liebt feuchte Standorte im Lorbeerwald; außerhalb des Waldes reicht sie auf Madeira bis in Höhen von 1700 m hinauf. Größere Bestände finden sich etwa am Wanderweg von Achada do Teixeira zum Pico Ruivo sowie am berühmten Miradouro Ninho da Manta etwa 20 Gehminuten unterhalb vom Pico do Arieiro (S. 30). Der Hahnenfuß steht auch an vielen Levadawegen, u. a. an der Levada do Caldeirão Verde, der Levada do Risco und der Levada do Norte im Folhadal. Auch nahe der Forellenzucht in Ribeiro Frio kann man die Wildblume bewundern.

Ähnliche Arten: Auf Brachflächen und Feldern siedelt der auch in Kontinentaleuropa weit verbreitete Acker-Hahnenfuß *(R. arvensis)*. Er hebt sich von *R. Cortusifolius* durch behaarte Kelchblätter ab. Eine weitere auf Madeira vorkommende Art ist der Brennende Hahnenfuß *(R. flammula)*.

34

34

34

35

35

35

Madeira-Berberitze *(Berberis maderensis)* 36

Familie: *Berberitzengewächse (Berberidaceae)*
Portugiesischer Name: *ameixieira de espinho*
Blütezeit: *Mai – Juni*
Heimat: *Madeira-Endemit*

Mehr als 400 Arten machen die große Familie der Berberitzen aus, vom laubabwerfenden Strauch bis zum immergrünen Kleinbaum. Auf dem europäischen Festland ist die Gewöhnliche Berberitze *(B. vulgaris)* weit verbreitet, wegen der säuerlich schmeckenden Beeren wird sie u. a. Sauerdorn genannt. Die Blumeninsel wartet mit der endemischen Madeira-Berberitze auf. Dorniger Pflaumenbaum wird der Strauch im Portugiesischen genannt. Seine kleinen beerengroßen Früchte können jedoch kaum als Pflaumen durchgehen, wehrhafte Dornen hat er wie so gut wie alle Berberitzengewächse allerdings schon. Schade ist nur, dass man seine kleinen gelben Blüten relativ selten zu Gesicht bekommt.

Merkmale: Der Strauch erreicht eine Höhe von 1–2 m. Die dicht gedrängt beieinander stehenden Zweige sind mit zentimeterlangen Dornen bewehrt, auch die Blätter haben einen dornigen Rand. Die rundlichen gelben Blüten hängen in kleinen Trauben von den Zweigen herab. Zur Reifezeit bilden sich blauschwarze kleine Beeren.

Verbreitung: Die Madeira-Berberitze ist vornehmlich im Lorbeerwald in Höhenlagen zwischen 700 und 900 m zu Hause, ab und an wächst sie auch noch etwas höher an den zerklüfteten Abhängen des Zentralmassivs. In freier Natur ist der Strauch relativ selten – er steht auf der Roten Liste der vom Aussterben bedrohten Arten. Leicht entdeckt werden kann die Madeira-Berberitze im Botanischen Garten Funchal, im Jardim Botânico Pequeno in Prazeres und im Parque Florestal do Ribeiro Frio.

Bartflechte *(Usnea barbata)* 37

Familie: *Parmeliaceae*
Portugiesischer Name: *barba-de-velho*
Heimat: *in Klimazonen mit hoher Luftfeuchtigkeit*

Manche Bäume im Lorbeerwald sehen aus, als ob sie jemand mit Lametta geschmückt hätte! Die Bartflechte hängt überall von den Ästen herab, wo es das ganze Jahr über schattig und wirklich feucht ist. Dabei macht sie keinen Unterschied, ob es sich um Baumheide, Nadelhölzer oder Lorbeerbäume handelt. Bartflechten sind ein Indikator für die Luftqualität – je reiner die Luft ist, desto besser können sie sich entfalten.

Merkmale: Die Bartflechte ist botanisch gesehen keine Pflanze, sondern ein Pilz. Als Epiphyt wächst sie vornehmlich auf Bäumen. Die grau bis blassgelbe Flechte baumelt in langen Schnüren von mitunter mehr als 1 m Länge von Ästen und Zweigen herab. Sie ist sehr langlebig; ideale Umweltbedingungen vorausgesetzt kann sie über 100 Jahre alt werden. In der Medizin ist die Bartflechte als natürliches Antibiotikum bekannt. Als Wirkstoff enthält sie Usninsäure, die inzwischen allerdings synthetisch hergestellt wird.

Verbreitung: Die Bartflechte ist in vielen subtropischen Feuchtwäldern anzutreffen. Auf Madeira und den Kanaren findet man sie allerorten in den Kernzonen des Lorbeerwalds. Wanderer können sie auf vielen Levadawegen entdecken, u. a. an der Levada do Caldeirão Verde und der Levada do Furado (S. 24); auch sieht man sie am Königsweg von Boca da Corrida zum Encumeada-Pass im Bereich des Pico Grande.

36

36

36

37

Madeira-Knabenkraut *(Dactylorhiza foliosa)* 38

Familie: *Orchideen (Orchidaceae)*
Portugiesischer Name: *orquídea da serra*
Blütezeit: *Mai – Juli*
Heimat: *Madeira-Endemit*

Das Madeira-Knabenkraut ist der heimliche Star des Lorbeerwalds und erfreulicherweise bekommt man die bildhübsche Orchidee relativ häufig zu Gesicht. Sie ist die größte der drei endemischen Orchideenarten Madeiras und liebt besonders feucht-schattige Standorte.

Merkmale: Das Madeira-Knabenkraut erreicht eine Wuchshöhe von 20–80 cm. Die lanzettlichen Blätter werden bis zu 35 cm lang. Der zylindrische Blütenstand am Ende des geradlinigen Stängels besteht aus 10–50 pinkfarbenen bis violetten Blüten. Die Lippe (Labellum) ist mehr oder weniger stark von dunklen kleinen Flecken gezeichnet.

Verbreitung: Das nur auf Madeira vorkommende Knabenkraut ist im Lorbeerwald in Höhenlagen zwischen 500 und 1100 m zu Hause, an feuchten Standorten reicht es bis auf 1500 m hinauf. Oft zu sehen bekommt man die Orchidee z. B. an der Levada do Moinho, der Levada do Pico Ruivo und der Levada do Furado (S. 24), an deren Quelle in Ribeiro Frio wird sie auch kultiviert.

Ähnliche Arten: Eine weitere endemische Orchideenart ist das Großblättrige Netzblatt *(Goodyera macrophylla)* **38a**. Im Portugiesischen wird es wegen seiner weißen Blüten oft einfach Weiße Orchidee (orquídea branca) genannt. An dem aufrecht stehenden Stängel bildet sich ein ährenförmiger Blütenstand mit bis zu 60 Einzelblüten. Das Großblättrige Netzblatt ist sehr selten, es siedelt vornehmlich in tieferen Lagen des Lorbeerwalds und blüht dort von August bis Oktober.

Riesen-Schachtelhalm *(Equisetum telmateia)* 39

Familie: *Schachtelhalmgewächse (Equisetaceae)*
Portugiesischer Name: *cavalinha*
Heimat: *vermutlich Mittel- und Südeuropa*

Von den Schachtelhalmen hat lediglich der Riesen-Schachtelhalm den Sprung auf die Blumeninsel geschafft. Schachtelhalme gehören zu den wenigen Überlebenden, welche die letzte Eiszeit unbeschadet überstanden haben. Es gab sie schon vor 300 Millionen Jahren, manche Arten davon hatten Halme mit bis zu einem Meter Durchmesser – der heutige Riesen-Schachtelhalm nimmt sich trotz seines Namen dagegen recht bescheiden aus. Der Name des mit den Farnen verwandten Gewächses erklärt sich ganz einfach: Man kann seine Sprossachsen (Halme) leicht herausziehen und wieder zusammenstecken.

Merkmale: Die bis zu 2 cm dicke, blassgelbe Sprosse wird 0,5–1,5 m hoch. Typisch ist der von Knoten gegliederte Halm, von dem nadeldünne Blätter abgehen, die dem Schachtelhalm sein unverwechselbares Aussehen geben. Die Sporenbehälter (Sporangien) liegen an der Sprossspitze.

Verbreitung: Der Riesen-Schachtelhalm ist winterhart und außer in Mittel- und Südeuropa auch in Nordafrika und Teilen Nordamerikas verbreitet. Er bevorzugt feuchte Standorte im Halbschatten, mitunter siedelt er auf Brachflächen. Auf Madeira ist er bis hinauf ins Gebirge anzutreffen, u. a. steht er am Fuß des Pico Grande am Wanderweg nahe der Boca do Cerro. Was Levadas betrifft, so findet man ihn beispielsweise an der Levada Nova (bei Eira do Mourão und Lombada do Sol) und der Levada do Castelejo.

38

38

38a

39

38a

Wurzelnder Kettenfarn *(Woodwardia radicans)* 40

Familie: *Rippenfarngewächse (Blechnaceae)*
Portugiesischer Name: *feto-do-botão*
Heimat: *Makaronesien, Südeuropa, Algerien*

Farne sind nicht leicht auseinanderzuhalten, zumal es auf Madeira eine ganze Menge davon gibt. Doch der Wurzelnde Kettenfarn lässt sich aufgrund seiner langen Wedel relativ einfach bestimmen. Wie die meisten seiner Verwandten braucht er ein besonders schattiges und feuchtes Milieu – der Lorbeerwald ist sozusagen für ihn prädestiniert.

Merkmale: Die Wedel werden bis zu 3 m lang. Die Sori (Gruppen von Sporenbehältern) finden sich als Doppelreihe entlang der Mittelrippe an der Unterseite der Wedel. Der Beiname »wurzelnd« erklärt sich durch die überhängenden Wedelspitzen, die mitunter den Boden berühren und dort Jungpflanzen bilden.

Verbreitung: Der Wurzelnde Kettenfarn ist ein Relikt aus dem Tertiär, der in den Lorbeerwäldern der makaronesischen Inseln schon Jahrmillionen zu Hause ist. Auf dem europäischen Festland starb er nach der letzten Eiszeit fast aus, er findet sich dort lediglich noch in manchen Feuchtwäldern Südeuropas, u. a. in Italien und Korsika. Auf Madeira ist er häufig an der Levada do Rei, an der Levada do Pico Ruivo und im Folhadal zu sehen.

Gewöhnlicher Frauenhaarfarn *(Adiantum capillus-veneris)* 41

Familie: *Saumfarngewächse (Pteridaceae)*
Portugiesischer Name: *aivenca, cabelo-de-vénus u. a.*
Heimat: *weltweit in allen warmen Regionen*

Dem auch Venushaar genannten Farn kann es nicht schattig und feucht genug sein. Er findet sich oft an Standorten, zu denen kein Sonnenstrahl durchdringt. Starken Frost verträgt er allerdings nicht, doch den gibt es auf Madeira nicht.

Merkmale: Der Frauenhaarfarn besticht durch ein filigranes Dreieck, das sich aus einer Vielzahl von wie Miniaturfächer geformten kleinen Fiederblättchen zusammensetzt, die eine frappierende Ähnlichkeit mit dem Ginkgo-Blatt aufweisen (S. 202). Die einzelnen Blättchen sind meist nicht länger als 2 cm, das ganze Dreieck (Blattwedel) kann durchaus einen halben Meter lang sein.

Verbreitung: Der Frauenhaarfarn ist neben dem Adlerfarn (S. 148) einer der häufigsten Farne überhaupt und außer in den Tropen und Subtropen auch in Nordamerika zu Hause. Auf Madeira säumt er vielerorts den Lauf von Bächen und Levadas (Levada Nova, Levada do Rei, Levada do Furado u. a.). Auch in feuchten Nischen des Botanischen Gartens von Funchal kann man ihn finden.

Rippenfarn *(Struthiopteris spicant* syn. *Blechnum spicant)* 42

Familie: *Rippenfarngewächse (Blechnaceae)*
Portugiesischer Name: *feto pente*
Heimat: *Makaronesien, Europa, Nordafrika u. a.*

Von der Felswand rieselnde dünne Rinnsale, möglichst das ganze Jahr! In diesem Milieu fühlen sich Madeiras Farne am wohlsten. Der auf der Insel weit verbreitete Rippenfarn kann, sofern es feucht genug ist, mitunter ganze Felswände mit seinen schmalen Wedeln abdecken.

Merkmale: Die Wedel des Rippenfarns werden 20–50 cm lang und sind dicht über dem Boden zu einer Roset-

40

40

41

42

te angeordnet. Bei einem Blick auf die Unterseite stellt man fest, dass der Farn zwei verschiedene Wedelformen hervorbringt: Die einen tragen Sporen, die anderen nicht. Während die sporentragenden Wedel im Winter vertrocknen, überdauern die sporenlosen die kühlere Jahreszeit. So sieht man oft zwischen immergrünen Wedeln vertrocknete Wedel vom Vorjahr stehen.

Verbreitung: Der Rippenfarn ist ein Kosmopolit, der in vielen Teilen der Welt zu Hause ist und auch in gemäßigten Breiten zurechtkommt. Auf Madeira trifft man ihn vielerorts an Bachläufen und Levadas an, große Bestände gibt es beispielsweise entlang der Levada do Furado, der Levada do Caldeirão Verde und der Levada das 25 Fontes (S. 26).

Talerfarn *(Adiantum renifome)* 43

***Familie:** Saumfarngewächse (Pteridaceae)*
***Portugiesischer Name:** feto redondo*
***Heimat:** Makaronesien, Afrika (u. a. Kenia, Madagaskar)*

Die Portugiesen machen es sich mitunter bei der Namensgebung für eine Pflanze recht einfach. Doch was liegt angesichts der Form von diesem Farn näher, als ihn schlicht Runden Farn zu nennen? Talerfarn ist auch nicht verkehrt. Angesichts des lateinischen Beinamens *reniforme* nennt man ihn vielfach auch Nierenfarn.

Merkmale: Mit seiner fast runden Form ist der Talerfarn sicherlich einer der außergewöhnlichsten Farne. Als ein Mitglied der Farngewächse gibt er sich lediglich durch seine Sporentaschen (Sporangien) an der unteren Seite der blattähnlichen Wedel zu erkennen. Er kann eine Wuchshöhe von bis zu 30 cm erreichen.

Verbreitung: Der Talerfarn ist auf mehreren Erdteilen zu Hause. Auf Madeira reicht sein Verbreitungsgebiet vom Meer bis in Lagen von an die 1200 m hinauf. Er wächst an besonders feuchten Standorten im Lorbeerwald genauso wie an Felswänden über der Nordküste (z. B. an der Boca do Risco) oder auf Levadaböschungen (z. B. Levada Nova bei Prazeres).

Madeira-Schildfarn *(Polystichum falcinellum)* 44

***Familie:** Wurmfarngefäße (Dryopteridaceae)*
***Portugiesischer Name:** feto aspero*
***Heimat:** Madeira-Endemit*

Schildfarne kommen weltweit in etwa 300 Arten vor, manche davon sind winterhart und können selbst im Hochgebirge oder in Polarregionen überleben. Wie alle Arten dieser Gattung liebt es auch der Madeira-Schildfarn besonders schattig und feucht.

Merkmale: Der auf den Madeira-Archipel beschränkte Endemit hat 30–70 cm lange wintergrüne Wedel. Die Unterseite der lederartigen Wedel ist dicht mit Sori bedeckt, die von schildförmigen Indusien (dünnen Blatthäutchen) überzogen sind. Sobald die Sori reif sind, fallen die Indusien ab.

Verbreitung: Der Madeira-Schildfarn reicht von der oberen Lorbeerwaldzone bis auf 1800 m hinauf. Er wächst an den Böschungen von Levadas, u. a. an der Levada do Alecrim im Hochland von Rabaçal.

Ähnliche Arten: Eng verwandt und ebenfalls auf die Inselgruppe Madeiras beschränkt ist *P. drepanum*. Er kommt seltener vor und ist auf den Lorbeerwald im nordöstlichen Inselteil begrenzt.

42

43

43

44

Gebirgsflora

Das geografische Zentrum Madeiras wird von einem alpin anmutenden Bergmassiv dominiert, dessen höchste Gipfel fast auf 1900 m hinaufreichen. Der 1862 m hohe Pico Ruivo kann relativ bequem auf einem gut ausgebauten Wanderweg bestiegen werden (S. 31). Der Pico do Arieiro (S. 30), mit 1818 m nach dem Pico das Torres, 1853 m, die Nummer drei unter den Inselgipfeln, ist durch eine schmale Bergstraße erschlossen. Oberhalb der Lorbeerwaldzone, auf der Südseite ab 1500 m, im Norden schon ab 1300 m, schließt sich eine vornehmlich von Heidebusch eingenommene Vegetationsstufe an. Leitpflanze ist hier die auch im Mittelmeerraum und am Schwarzen Meer verbreitete Baumheide *(Erica arborea)*, doch auch eine endemische Unterart der Besenheide *(E. scoparia)* und die allerdings seltene Glockenheide *(E. maderensis)* sind gut an die mitunter rauen Verhältnisse angepasst.

Das Klima im Bergland ist spürbar kühler als an der Küste, in manchen Wintern können die Berge gar von einer dünnen Schneeschicht überzogen sein. Naturgemäß hat die Flora hier einen besonders schweren Stand, sie reduziert sich auf Spezialisten, die erfolgreich Wind und Kälte trotzen und auch in dem relativ trockenen Milieu über der Passatschicht überleben können. Erstaunlicherweise sind hier etwa 50 endemische Arten zu Hause. Im Schutz von Felswänden kann man u. a. Madeira-Grasnelken *(Armeria maderensis)*, Madeira-Steinbrech *(Saxifraga maderensis)* und Madeira-Veilchen *(Viola paradoxa)* entdecken. Letzteres versteckt sich im Gipfelbereich des Pico Ruivo schutzsuchend in Felsnischen. Im Bergfrühling (Mai/Juni) stehen die halbkugeligen Sträucher der Gefiederten Wucherblume *(Argyranthemum pinnatifidum)* in voller Blüte. Charakterpflanze der Bergflora ist der Stolz von Madeira *(Echium candicans)*, eine an die 2 m hoch werdende Natternkopfart, die einen fast 50 cm langen Blütenstand austreibt.

Eine kleine Welt für sich ist der Paul da Serra, eine für Madeira unvermutet flache Hochebene, die sich von Bica da

Anfang Mai am Pico do Arieiro – mitten im Bergfrühling.

Der Stolz von Madeira – ein botanisches Aushängeschild der Blumeninsel.

Cana nach Westen bis fast nach Rabaçal erstreckt. Der 22 km² große Paul (zu Deutsch Sumpf oder Moor) hebt sich durch seine flache bis leicht hügelige Landschaft deutlich vom ansonsten schroff-felsigen Hochgebirge ab. Vulkanische Relikte sind in dem 1400 bis 1500 m ü. d. M. gelegenen Plateau kaum noch als solche erkennbar. Am Nordrand macht die stark erodierte Hügelkuppe des Pico Ruivo do Paul auf sich aufmerksam. Im meist von dichtem Passatnebel eingehüllten und für seinen Bestand an alten Stinklorbeerbäumen bekannten Fanal gibt es noch einen kleinen Kratersee. Nach winterlichen Niederschlägen bilden sich in den Senken kleine Flachwasserseen. Die Vegetation auf dem Paul da Serra wird nicht unbeträchtlich von eingewanderten Arten dominiert. Im Frühjahr verwandelt der Ginster das Hochplateau in ein gelbes Blütenmeer, Adlerfarne breiten flächendeckend einen smaragdgrünen Teppich aus. Im direkten Umfeld dieser invasiven Arten reduziert sich die übrige Flora auf ein Minimum. Die im Herbst vertrockneten Farnwedel bauen sich nur langsam ab und verhindern das Aufkommen anderer Arten. Auch erhöhen die trockenen Wedel das Risiko von Buschfeuern.

Im Westen von Paul da Serra schließt sich die von Buschwäldern überzogene Region Rabaçal an. Levadas, Quellen und Wasserfälle machen den Rabaçal zu einem viel besuchten Ausflugs- und Wanderziel. Baumheide mischt sich hier mit Relikten des Lorbeerwalds, auch Sträucher wie die Madeira-Heidelbeere *(Vaccinium padifolium)* und die Madeira-Teline *(Teline maderensis)* sind in Rabaçal zu Hause.

Wasserfälle am Weg nach Caldeirão Verde.

Zedernwacholder *(Juniperus cedrus* subsp. *maderensis)* 1

Familie: *Zypressengewächse (Cupressaceae)*
Portugiesischer Name: *cedro-da-Madeira*
Blütezeit: *Januar – März*
Heimat: *Madeira-Endemit*

Vermutlich waren vor der Besiedlung der Insel weite Teile des Hochlands von Paul da Serra mit Zedernwacholder bewachsen. Heute steht es um den Baum nicht besonders gut. Seine Bestände wurden teils rücksichtslos abgeholzt, das Holz wurde im Bau genutzt; so ist etwa die Decke in der Kathedrale Sé in Funchal aus Zedernwacholderholz gemacht.

Merkmale: Der immergrüne Baum kann über 20 m hoch werden. Charakteristisch sind die von blaugrünen kurzen Nadeln besetzten, kopfüber herabhängenden Zweige. Anders als bei dem verwandten Gemeinen Wacholder *(J. communis)* taugen die erbsengroßen Beerenzapfen nicht als Küchengewürz.

Verbreitung: Der bis vor wenigen Jahren vom Aussterben bedrohte Baum wird von den lokalen Forstämtern vielerorts in Schutzzonen und Parks gepflanzt, Jungbäume kann man u. a. im Núcleo de Dragoeiros das Neves und dem kleinen Park gegenüber der Forellenzuchtstation in Ribeiro Frio sehen. Betagte Exemplare stehen u. a. im Botanischen Garten von Funchal und an der 1550 m hoch gelegenen Casa de Abrigo in Bica da Cana.

Ähnliche Arten: Eine makaronesische Unterart des Wacholders ist der Kanaren-Wacholder *(Juniperus turbinata* subsp. *canariensis)*. Auf Madeira ist der Baum auf wenige schwer zugängliche Standorte beschränkt, u. a. steht er im Naturreservat Rocha do Navio.

Baumheide *(Erica arborea)* 2

Familie: *Heidekrautgewächse (Ericaceae)*
Portugiesischer Name: *urze-arbórea, urze-molar*
Blütezeit: *Februar – Mai*
Heimat: *Mittelmeerraum, Nordafrika*

Das Heidekrautgewächs ist eine der Leitpflanzen im Hochland von Madeira. Obschon die Bestände seit der Besiedlung durch Holzeinschlag (Brennholz, Holzkohlegewinnung) stark zurückgegangen sind, ist die Baumheide in höheren Lagen eine der am häufigsten vorkommenden Arten. Sie kommt mit relativ wenig Niederschlag und Wärme aus und gilt von daher als sehr robust – nur gegen immer wieder aufflammende Waldbrände hat sie keine Chance.

Merkmale: Die immergrüne Heideart wird 3–5 m hoch. Ihr Stamm kann einen Durchmesser von bis zu 40 cm erreichen, oft ähnelt der Kleinbaum allerdings eher einem Strauch. Die nadeldünnen Blätter sind kaum 5 mm lang, die kleinen Glockenblüten weiß.

Verbreitung: Die Baumheide kommt auch am Mittelmeer (u. a. auf Mallorca) vor, wird dort allerdings selten höher als 1 m. Auf Madeira reicht das Verbreitungsgebiet von der unteren Lorbeerwaldzone bis zum Pico Ruivo hinauf. Obwohl wiederholt Waldbrände den Bestand rund um den höchsten Inselgipfel stark dezimiert haben, stehen am Wanderweg (S. 31) kurz vor der Gipfelsäule noch einige knorrige, alte Exemplare. In den Regionen Ribeiro Frio und Queimadas bildet die Baumheide zusammen mit der verwandten Besenheide und Vertretern der Lorbeerwaldgesellschaft dichte Wälder, auch entlang der Levadawege in Rabaçal ist sie bestandsbildend. Stattliche Bäume sieht man auch am Westrand von Paul da Serra rund um Bica da Cana.

1

1

2

2

Besenheide *(Erica scoparia subsp. maderincola)* 3

Familie: *Heidekrautgewächse (Ericaceae)*
Portugiesischer Name: *urze das vassouras, urze-durázia*
Blütezeit: *April – Juni*
Heimat: *Madeira-Endemit*

Mit kniehohen Heidekrautgewächsen, wie man sie etwa in Norddeutschland findet, haben die auf Madeira vertretenen drei Heidearten, zumindest was die Höhe anbelangt, nichts zu tun. Vor allem die Baumheide (S. 126), aber auch die endemische Unterart der Besenheide wächst zu Bäumchen aus. Wie auch beim Besenginster wurden die Zweige früher für Haus- und Straßenbesen verwendet; in der Landwirtschaft werden sie als Windschutz genutzt. Und auf manchen Wanderwegen kann man sich an einem aus ihren knorrigen Ästen gebauten Geländer festhalten.

Merkmale: Der immergrüne strauchartige Baum wird bis zu 4 m hoch. Er ähnelt der Baumheide. Die Blätter (Nadeln) sind mit 1–1,2 cm jedoch etwas länger und die Glöckchenblüten nicht weiß, sondern rötlich.
Verbreitung: Die Besenheide reicht vom Hochland bis in die Küstenzone hinab (sie steht z. B. am Wanderweg zwischen Porto da Cruz und Boca do Risco). Hauptverbreitungsgebiet ist neben dem Lorbeerwald die Übergangszone zum Hochgebirge. In Rabaçal und am Fuß des Pico Ruivo do Paul kommt die Heideart bis in Höhenlagen von 1800 m vor.

Madeira-Glockenheide *(Erica maderensis)* 4

Familie: *Heidekrautgewächse (Ericaceae)*
Portugiesischer Name: *urze da Madeira, urze-rasteira*
Blütezeit: *Mai – September*
Heimat: *Madeira-Endemit*

Die Madeira-Glockenheide macht vom späten Frühjahr bis zum Ende des Sommers durch ihre Blütenpracht auf sich aufmerksam. Das Erika-Gewächs ist allerdings selten, auf der Liste der vom Aussterben bedrohten Arten wird es als gefährdet eingestuft.
Merkmale: Der stark verzweigte Zwergstrauch wird bis zu 1 m hoch. Wie bei den verwandten Arten sind die immergrünen Blätter linealisch. An den aufrecht stehenden Zweigen bilden sich unzählige dicht beieinander stehende rosa Glockenblüten.
Verbreitung: Der Strauch kommt ausschließlich auf Madeira vor, ein kleiner Bestand findet sich im Gipfelbereich des Pico do Arieiro.

Madeira-Vogelbeere *(Sorbus maderensis syn. S. aucuparia subsp. maderensis)* 5

Familie: *Rosengewächse (Rosaceae)*
Portugiesischer Name: *sorveira*
Blütezeit: *Juni – Juli*
Heimat: *Madeira-Endemit*

Im Frühsommer macht die Ebereschenart durch ihre hübschen weißen Blüten auf sich aufmerksam, im Frühherbst durch leuchtend rote Beeren. Doch der Strauch ist extrem selten – er steht auf der Liste der vom Aussterben bedrohten Arten.
Merkmale: Der laubabwerfende Strauch

3

3

4

5

wird 2–3 m hoch. Seine länglichen Blätter sind an den Rändern gezähnt. Der schirmförmige Blütenstand setzt sich aus dicht aneinandergedrängten weißen bis cremefarbenen Blüten zusammen. Die erbsengroßen, korallenroten Früchte (Beeren) hängen auch noch lange nach der Vollreife in Büscheln an den Zweigen.

Verbreitung: Die Madeira-Vogelbeere kommt lediglich in Höhenlagen von 1500 bis 1750 m vor und ist dort auf wenige Standorte begrenzt. Entdecken kann man sie z. B. an der Casa de Abrigo in Bica da Cana am Ostrand von Paul da Serra.

Melanoselinum *(Melanoselinum decipiens syn. Selinum decipiens)* 6

Familie: *Doldenblütler (Apiaceae)*
Portugiesischer Name: *aipo do gado, aipo da serra*
Blütezeit: *April – Juli*
Heimat: *makaronesischer Endemit*

Die ausladenden Blütenstände und nicht zuletzt die Wuchshöhe von bis zu 3 m machen dieses Gewächs zu einer sehr auffälligen Pflanze. Im Deutschen nennt man sie auch Schwarze Riesenpetersilie, Vieh-Sellerie oder Riesen-Fenchel – mit allen drei Gemüsearten ist sie allerdings bis auf die Zugehörigkeit zu den Doldenblütlern nur entfernt verwandt.

Merkmale: Der an der Basis holzige, dicke Stängel des Melanoselinums bleibt unverzweigt, die großen pfeilförmigen Blätter sitzen alle im oberen Bereich. Die doldenförmigen Blütenstände mit unzähligen kleinen weiß-rosa Blüten spannen sich wie ein Schirm über die Pflanze.

Verbreitung: Außer auf Madeira kommt das Melanoselinum nur noch auf den Azoren vor. Das Verbreitungsgebiet reicht vom Lorbeerwald bis ins Hochgebirge hinauf. Die Pflanze steht u. a. am Wanderweg von Achada do Teixeira zum Pico Ruivo (S. 31); leicht finden kann man sie im Parque Florestal in Ribeiro Frio. Der Doldenblütler wird auch als Futterpflanze kultiviert; außerhalb Madeiras steht er als dekorative Blattpflanze in botanischen Gärten.

Gewöhnliche Kratzdistel *(Cirsium vulgare)* 7

Familie: *Korbblütler (Asteraceae)*
Portugiesischer Name: *cardo-roxo*
Blütezeit: *April – September*
Heimat: *weltweit*

Die Gewöhnliche Kratzdistel ist winterhart und von daher auch in gemäßigten Klimazonen weit verbreitet, in Schottland etwa ist sie so häufig, dass sie dort zur Nationalblume gekürt wurde. In Madeira gilt die Art als eingebürgert.

Merkmale: Der Korbblütler erreicht eine Wuchshöhe von 0,5–1,5 m. Die mit Dornen bewehrten Blätter, sie laufen spitz in langen gelblichen Dornen aus, sitzen wechselständig am ebenfalls dornigen Stängel. Das Blütenkörbchen ist mit einer Vielzahl violettroter bis purpurfarbener Röhrenblüten gefüllt.

Verbreitung: Die Distelart ist ein Kosmopolit, der fast auf der ganzen Welt zu Hause ist. Auf Madeira ist sie von der Küste bis ins Hochgebirge verbreitet, sie steht am Straßenrand und auf Wiesen genauso selbstverständlich wie auf felsigem Terrain im Hochgebirge. Zu sehen bekommt man sie zum Beispiel beim Forsthaus Estanquinhos auf dem Paul da Serra.

6

6

7

7

Großblättrige Kratzdistel *(Cirsium latifolium)* 8

Familie: *Korbblütler (Asteraceae)*
Portugiesischer Name: *tangerão*
Blütezeit: *Juni – August*
Heimat: *Madeira-Endemit*

Von den auf Madeira verbreiteten Distelarten sticht die Großblättrige Kratzdistel durch ihre besonders großen Grundblätter hervor. Anders als die eng verwandte Gewöhnliche Kratzdistel (S. 130) kommt sie ausschließlich auf Madeira vor.

Merkmale: Die krautige Pflanze wird bis zu 1 m hoch. Ihre auffällig großen Grundblätter sind bis zu 40 cm lang. Sie sind, wie auch die kleineren oberen Blätter am Stängel, oval eiförmig und an den Rändern mit kleinen Dornen besetzt. Das purpurfarbene Blütenköpfchen sitzt endständig an einem aufrechten Stängel.

Verbreitung: Das Gebiet der Großblättrigen Kratzdistel begrenzt sich im Wesentlichen auf felsige Hanglagen im Hochland von Madeira, daneben findet man sie auch in der Lorbeerwaldzone. Zu sehen bekommt man sie z. B. am Wanderweg zwischen Pico Arieiro und Pico Ruivo.

Gefiederte Wucherblume *(Argyranthemum pinnatifidum* subsp. *montanum)* 9

Familie: *Korbblütler (Asteraceae)*
Portugiesischer Name: *pampilhos, estreleira u. a.*
Blütezeit: *März – Juli*
Heimat: *Madeira-Endemit*

Wucherblumen, sie sehen der Margerite sehr ähnlich, dürfen auf Madeira nicht fehlen; es gibt sie in mehreren Unterarten. Das Verbreitungsgebiet reicht vom Meer bis fast zu den höchsten Gipfeln hinauf. Zusammen mit auf den Kanaren vorkommenden Arten bilden die Wucherblumen eine eigenständige Gattung mit etwa 25 Arten.

Merkmale: Der ausdauernde Korbblütler bildet stark verzweigte und dicht belaubte, meist halbkugelige, buschige Sträucher von bis zu 1,5 m Höhe aus. Die gefiederten Blätter sind je nach Unterart mehr oder weniger dickfleischig. Charakteristisch ist das mit gelben Röhrenblüten gefüllte und von weißen Zungenblüten eingefasste Körbchen.

Verbreitung: Die Gefiederte Wucherblume ist auf Madeira mit drei Arten vertreten. Kaum voneinander zu unterscheiden sind *A. pinnatifidum* subsp. *pinnatifidum* und *A. pinnatifidum* subsp. *montanum*. Erstere findet sich häufig im Lorbeerwald entlang von Levadas, z. B. an der Levada do Furado (S. 24) und der Levada 25 Fontes (S. 26), sie reicht darüber hinaus sowohl in die Küstenzone hinab als auch ins Bergland bis 1500 m hinauf. Die seltenere Unterart *montanum* siedelt dagegen so gut wie ausschließlich in Lagen von über 1500 m.

Ähnliche Arten: Eine sukkulente Unterart *(A. pinnatifidum* subsp. *succulentum)* kommt vornehmlich auf der Halbinsel São Lourenço vor. Sie wird meist nur 50 cm hoch und unterscheidet sich von den anderen Arten durch ihre kürzeren Blätter. Kurios ist die Geschichte der Madeira-Kanarenmargerite *(A. maderense)* **9a**. Die erstmals von David Don (1799–1841) beschriebene blassgelb blühende Art kommt ausschließlich auf Lanzarote vor – der englische Botaniker hatte schlichtweg die Standorte verwechselt. Zur Blutrotaugigen Wucherblume siehe S. 58.

8

8

9

9

9a

Madeira-Bartpippau *(Tolpis macrorhiza)* 10

Familie: *Korbblütler (Asteraceae)*
Portugiesischer Name: *leituga*
Blütezeit: *Juni – August*
Heimat: *Madeira-Endemit*

Christusauge werden die Korbblütler aus der Gattung Tolpis mitunter genannt. Sie zeichnen sich durch hübsche gelbe Blütenköpfchen aus. Mit dem Madeira-Bartpippau gibt es davon auch eine Art, die ausschließlich auf der Blumeninsel vorkommt, dazu noch recht häufig.

Merkmale: Die krautige Pflanze erreicht eine Wuchshöhe von 20–50 cm. Ihre bis zu 16 cm langen, gezähnten Blätter sind an der Basis gestielt, am Stängel ungestielt. Das Blütenköpfchen trägt schöne gelbe Zungenblüten.

Verbreitung: Der Endemit reicht vom Lorbeerwald bis in Lagen von bis zu 1800 m hinauf. Er ist auch an Levadas zu finden, u. a. an der Levada das 25 Fontes (S. 26) und der Levada do Alecrim.

Ähnliche Arten: Der in der Küstenzone anzutreffende Sukkulente Bartpippau *(T. succulenta)* unterscheidet sich vom Madeira-Bartpippau durch dickfleischigere Blätter.

Mehlige Fetthenne *(Sedum farinosum)* 11

Familie: *Dickblattgewächse (Crassulaceae)*
Portugiesischer Name: *erva-arroz*
Blütezeit: *Juni – August*
Heimat: *Madeira-Endemit*

Das Dickblattgewächs reicht bis zu den höchsten Gipfeln hinauf. Es kommt ausschließlich auf Madeira und den Nachbarinseln vor. Der Artbeiname weist auf die weißgraue Farbe der sukkulenten Blätter hin.

Merkmale: Die Mehlige Fetthenne wird lediglich 10–15 cm hoch. Ihre dickfleischigen Blätter sitzen dicht an dicht am Stängel, sie sind meist kaum länger als 1–2 cm und enden vorne stumpf; oft färben sie sich rostrot. Die kurzstieligen weißen Blütenblätter werden mitunter von roten Äderchen durchzogen.

Verbreitung: Die sukkulente Pflanze ist relativ selten, sie wächst oberhalb des Lorbeerwalds an felsigen Standorten im Zentralmassiv, u. a. kommt sie am Pico do Arieiro vor (S. 30).

Ähnliche Arten: Vornehmlich an der Nordküste (z. B. im Naturreservat Rocha do Navio) ist die Nackte Fetthenne *(S. nudum)* **11a** zu Hause. Der makaronesische Endemit kommt außer auf Madeira auch auf Lanzarote vor, im Unterschied zur Mehligen Fetthenne blüht er gelb.

Zottiges Aichryson *(Aichryson villosum)* 12

Familie: *Dickblattgewächse (Crassulaceae)*
Portugiesischer Name: *ensaião*
Blütezeit: *April – Juli*
Heimat: *makaronesischer Endemit*

Neben Endemiten aus den Gattungen *Aeonium* und *Sedum* kann Madeira mit einer weiteren Gattung aus der riesengroßen Familie der Dickblattgewächse aufwarten. Die Gattung heißt *Aichryson* und umfasst etwa ein Dutzend Arten, die so gut wie alle auf den makaronesischen Raum begrenzt sind. Sehr hübsch

10

11

11a

12

ist das in felsigen Gebirgsregionen verbreitete Zottige Aichryson.
Merkmale: Das Dickblattgewächs wird 5–15 cm hoch. Seine spatelförmigen, fleischigen Blätter sind grün bis rostrot und fein behaart, die Blüten leuchtend gelb.
Verbreitung: Auf Madeira reicht das Verbreitungsgebiet von der Küste bis ins Zentralmassiv hinauf, wo das Zottige Aichryson in Höhenlagen von bis zu 1600 m anzutreffen ist. Außer auf Madeira ist es auch auf den Desertas-Inseln und der Azoreninsel Santa Maria beheimatet.
Ähnliche Arten: Sehr ähnlich ist das Sperrige Aichryson *(A. divaricatum)* **12a**. Der Madeira-Endemit siedelt vornehmlich in tieferen Lagen, u. a. an der Levada do Castelejo und der Levada da Ribeira da Janela.

Riesiger Madeira-Wegerich *(Plantago malato-belizii)* 13

Familie: *Wegerichgewächse (Plantaginaceae)*
Portugiesischer Name: *tanchagem de malato-beliz*
Blütezeit: *April – Juni*
Heimat: *Madeira-Endemit*

Unter den etwa ein Dutzend auf der Insel verbreiteten Wegericharten gibt es auch zwei endemische Arten, eine davon ist der auf die oberen Höhenlagen begrenzte Riesige Madeira-Wegerich.
Merkmale: Die krautige Pflanze wird 20–60 cm hoch. Ihre elliptischen großen Blätter zeichnen sich, wie auch bei anderen Wegericharten, durch stark vorspringende Blattadern aus. Der endständige Blütenstand wird von zahllosen weißen Blüten gebildet.
Verbreitung: Der Riesige Madeira-Wegerich ist vornehmlich im Zentralmassiv bis in Höhenlagen von 1600 m anzutreffen. Standorte gibt es u. a. am Pico Grande und am Fuß des Pico do Gato.
Ähnliche Arten: Ebenfalls auf den Madeira-Archipel begrenzt ist der etwas kleinere *P. leiopetala*; auf den Selvagens-Inseln kommt *P. afra* var. *obtusata* vor. Weltweit verbreitet ist der Breitwegerich *(P. major)* **13a**, auf Madeira findet er sich u. a. in Fajã da Nogueira.

Schillernder Thymian *(Thymus caespititius)* 14

Familie: *Lippenblütler (Lamiaceae)*
Portugiesischer Name: *alecrim-da-serra, tomilho*
Blütezeit: *Mai – September*
Heimat: *Makaronesien, Iberische Halbinsel*

Der kleine Lippenblütler wird in Anlehnung an den lateinischen Namen auch Rasen-Thymian genannt (caespes = Rasen). Das Beiwort schillernd verdankt die Kräuterpflanze ihren leuchtenden Blüten. Genauso wie beim Echten Thymian *(T. vulgaris)* sind die Blättchen essbar.
Merkmale: Die kriechende Pflanze wird maximal 10 cm hoch. Ihre aufrecht stehenden kurzen Stängel sind dicht mit etwa 8 mm langen Blättchen besetzt und bilden kleine, dicke Polster. Die dickfleischigen Blättchen enthalten ätherische Öle – zerreibt man sie zwischen den Fingern, entfaltet sich das typische Thymianaroma. Die Blüten sind rosa bis blassviolett.
Verbreitung: Außer auf Madeira und auf den Azoren kommt der Schillernde Thymian auch im Westen der Iberischen Halbinsel vor. Auf Madeira reicht er von mittleren Höhenlagen bis auf 1800 m hinauf. Er findet sich etwa am Aufstieg von der Achada do Teixeira zum Pico Ruivo (S. 31), am Pico Ruivo do Paul und entlang der Levada da Bica da Cana.

12a

13a

13

13

14

14

Felsen-Knabenkraut 15
(Orchis scopulorum syn. O. mascula subsp. scopulorum)

Familie: *Orchideen (Orchidaceae)*
Portugiesischer Name: *orquídea das rochas*
Blütezeit: *Mai – Juni*
Heimat: *Madeira-Endemit*

Im Unterschied zum weit verbreiteten Madeira-Knabenkraut (S. 118) ist diese etwas kleinere Orchideenart sehr selten. Ihr Zuhause ist fast ausschließlich das Hochgebirge.

Merkmale: Die Orchidee wird 20–60 cm hoch. Ihre bis zu 15 cm langen, schmalen Blätter haben mitunter dunkle Flecken. Die Blütenfarbe variiert von hellrosa bis purpurn, die Blütenblätter sind dunkel gepunktet.

Verbreitung: Die sehr seltene endemische Art wächst im Zentralgebirge in Lagen ab 1000 m aufwärts, am Pico Ruivo ist sie bis auf 1850 m anzutreffen (S. 31).

Stolz von Madeira *(Echium candicans)* 16

Familie: *Raublattgewächse (Boraginaceae)*
Portugiesischer Name: *massaroco*
Blütezeit: *April – Juli*
Heimat: *Madeira-Endemit*

Ein interessanter Name, der für die Leitpflanze im Hochgebirge nicht besser gewählt sein könnte! Die Madeirer haben allen Grund, dieses spektakuläre Gewächs, es wird auch Madeira-Natternkopf genannt, mit seinen blauvioletten Blütenkerzen zu bewundern. Während der Prächtige Natternkopf (S. 70), sozusagen der kleinere Bruder, in der Küstenzone siedelt, klettert der Stolz von Madeira bis in die luftigen Höhen des Zentralmassivs hinauf.

Merkmale: Das ausdauernde Raublattgewächs erreicht eine Wuchshöhe von bis zu 2 m, in der Breite bilden seine verzweigten Stängel einen mitunter mehrere Meter mächtigen Strauch aus. Die Stängel und die bis zu fast 25 cm langen, zugespitzten Blätter sind von einem samthaarigen Flaum überzogen. Der kerzenförmige Blütenstand wird bis zu 45 cm lang und besteht aus dicht aneinander gedrängten dunkelblauen bis lilafarbenen kleinen Trichterblüten, aus denen rosa Staubfäden herausstehen.

Verbreitung: Der Stolz von Madeira ist die Charakterpflanze des Zentralmassivs, wo er an Straßenrändern, auf Bergwiesen und an felsigen Abhängen bis auf 1700 m hinaufreicht. Man kann ihn jedoch auch in etwas tieferen Lagen im Lorbeerwald bewundern; oft zeigt er seine prächtigen Blütenkerzen an Levadas, etwa der Levada das Rabaças (S. 25) und der Levada do Pico Ruivo. Angepflanzt steht das Raublattgewächs vor vielen Forsthäusern und an von Ausflüglern frequentierten Rastplätzen und Ausgangspunkten für Wanderungen (Ribeiro Frio, Parque Florestal Chão dos Louros, Parque Queimadas u. a.). In Mitteleuropa gehört das prominente Gewächs zur Sammlung vieler botanischer Gärten, am Mittelmeer wird die Natternkopfart oft als Zierpflanze kultiviert.

Ähnliche Arten: Besonders facettenreich zeigt sich die Familie der Raublattgewächse auf den Kanarischen Inseln, wo es an die 30 endemische Arten gibt. Die größte davon ist Wildprets Natternkopf *(E. wildpretii)* **16a**, dessen unverzweigter Stängel mit bis zu 1,5 m langem Blütenstand an die 3 m hoch wird – entsprechend seinem Verwandten auf Madeira wird er auf den Kanaren Stolz von Teneriffa genannt.

15

15

16

16a

16

Stechginster *(Ulex europaeus)* 17

Familie: *Hülsenfrüchtler (Fabaceae)*
Portugiesischer Name: *carqueja, tojo*
Blütezeit: *Januar – Juli (mitunter bereits ab November)*
Heimat: *Westeuropa*

Der Stechginster hat auch vor Madeira nicht Halt gemacht. Genauso wie der Besenginster (s. u.) besetzt die weltweit verbreitete Ginsterart weite Teile der Insel. Zur Hauptblüte im Frühjahr verwandelt sich vor allem das Hochland von Paul da Serra in ein leuchtendes Blütenmeer. Trotz seinem ausgesprochen invasiven Charakter kann man der Pflanze auch eine positive Seite abgewinnen: Nach einem Buschfeuer (für Madeira nicht ungewöhnlich) gehört der Ginster zu den ersten Arten, die das Gebiet wieder begrünen und zum Blühen bringen.

Merkmale: Der laubabwerfende Strauch erreicht auf Madeira eine Wuchshöhe von bis zu 1,5 m. Seine Zweige sind mit bis zu 2 cm langen, stark stechenden Dornen besetzt, die ihn jedoch nicht vor allen weidenden Tieren schützen. Die dicht behaarten Laubblätter sind sehr schmal, fast nadelartig spitz und ähneln Rosmarinblättern. Teile der goldgelben Schmetterlingsblüte sowie die bis zu 2 cm langen Samenhüllen können ebenfalls behaart sein. Zweige und Samen sind stark giftig.

Verbreitung: Der Stechginster ist auf Madeira eingebürgert, sein Verbreitungsgebiet erstreckt sich von 200 m oberhalb der Küste bis auf 1600 m hinauf. Am Fuß des Pico Grande sowie im Hochland Paul da Serra ist der dornige Strauch landschaftsprägend, er steht dort in Gesellschaft mit dem ebenfalls invasiven Adlerfarn. In tieferen Lagen nimmt er vielerorts von Brachland Besitz, auch entlang von vielen Levadas kann man ihn sehen.

Besenginster *(Cytisus scoparius)* 18

Familie: *Hülsenfrüchtler (Fabaceae)*
Portugiesischer Name: *giesteira-comum u. a.*
Blütezeit: *März – Juli*
Heimat: *West- und Mitteleuropa*

Fährt man im Frühjahr von Funchal oder Camacha aus zum Poiso-Pass hinauf, präsentiert sich das Hügelland vielerorts ganz in gelb. Auf den ersten Blick sind die blühenden Sträucher eine Augenweide, doch der Besenginster ist wegen seines invasiven Charakters nicht überall gern gesehen. Genau besehen ist er gar kein Ginster, sondern eine Geißkleeart.

Merkmale: Der Strauch erreicht eine Wuchshöhe von 1–2,5 m. Seine fünfkantigen, rutenförmigen Zweige stehen dicht beieinander, sie wurden früher als Kehrbesen verwendet. Die oft nur wenige Millimeter langen dreizähligen Blättchen fallen im Vergleich zur bis zu 2,5 cm großen Schmetterlingsblüte bescheiden aus. Die goldgelben Blüten verströmen einen süßlichen Duft. Die Hülsen werden bis zu 5 cm lang und sind stark behaart. Alle Pflanzenteile enthalten stark giftige Alkaloide.

Verbreitung: Die invasive Art ist weltweit verbreitet, in manchen Ländern wird sie bekämpft (z. B. in Neuseeland). Auf Madeira ist sie eingebürgert und besetzt weite Teile des Berglands. Am Pico Grande und am Pico do Arieiro reicht sie fast bis zu den Gipfeln hinauf, auch das Gipfelplateau des Pico Ruivo do Paul ist von ihr besetzt. Man sieht sie u. a. auch entlang der Levada da Bica da Cana und an der Levada Nova (S. 27).

17

17

18

18

18

Vielblütiger Ginster *(Cytisus multiflorus)* 19

Familie: *Hülsenfrüchtler (Fabaceae)*
Portugiesischer Name: *giesta-branca, giesteira-branca*
Blütezeit: *April – Juni*
Heimat: *Iberische Halbinsel*

Ginster muss nicht immer gelb blühen. Der Vielblütige Ginster setzt mancherorts im Hochland einen cremeweißen Akzent. Genauso wie der Besenginster (S. 140) ist er kein echter Ginster, sondern ein ginsterähnlicher Strauch aus der Gattung Geißklee *(Cytisus)*.
Merkmale: Der Strauch erreicht eine Wuchshöhe von bis zu 3 m. Ähnlich wie beim Besenginster sind die oft nur im unteren Bereich von Blättern besetzten Zweige rutenförmig. Die weißen Blüten fallen mit etwa 1 cm etwas kürzer aus als bei seinen Verwandten.
Verbreitung: Der Vielblütige Ginster ist auf der Iberischen Halbinsel heimisch, in Nordamerika und Australien gilt er als eingebürgert und invasiv. Verglichen mit den gelb blühenden Verwandten ist die weiß blühende Art auf Madeira weitaus weniger häufig. Sie findet sich u. a. an der Südseite des Pico do Arieiro (zu sehen an der Auffahrt von Curral das Freiras) sowie an der Levada da Bica da Cana.
Ähnliche Arten: Eine in Deutschland beliebte Gartenpflanze ist der Elfenbeinginster *(Cytisus* x *praecox)*, eine Kreuzung aus *C. multiflorus* und *C. purgans*.

Madeira-Wundklee *(Anthyllis lemanniana)* 20

Familie: *Hülsenfrüchtler (Fabaceae)*
Portugiesischer Name: *antilídea da Madeira*
Blütezeit: *Mai – Juli*
Heimat: *Madeira-Endemit*

Genauso wie Madeira-Grasnelke, Madeira-Teline, Wollaston-Musschie und weitere Inselendemiten wurde der Madeira-Wundklee erstmals von dem englischen Naturforscher Richard Thomas Lowe (s. S. 144) beschrieben. Im Unterschied zu vielen anderen Wundkleearten blüht er nicht gelb, sondern weißrosa.
Merkmale: Die niederliegende Pflanze wird bis zu 30 cm hoch. Ihre elliptischen Blätter werden von einem dichten Flaum überzogen.
Verbreitung: Die auf Madeira begrenzte Art ist eine seltene Gebirgspflanze, die an felsigen Hängen oberhalb von 1200 m vorkommt, vornehmlich in der Region um den Pico do Arieiro und den Pico Ruivo. An Standorten, die häufig dem Wind ausgesetzt sind, wurzelt sie oft in Felsspalten.

Stern-Klee *(Trifolium stellatum)* 21

Familie: *Hülsenfrüchtler (Fabaceae)*
Portugiesischer Name: *trevo-estrelado*
Blütezeit: *März – Juli*
Heimat: *Mittelmeerraum*

Mit seinen originellen Blüten macht der Stern-Klee seinem Namen alle Ehre. Anders als den auf Madeira weit verbreitete Asphaltklee (S. 72) sieht man ihn allerdings selten.
Merkmale: Die krautige Pflanze erreicht eine Wuchshöhe von max. 20 cm, sie kann sich über dem Boden in dichten Matten ausbreiten. Der Gattungsname *Trifolium* weist auf die dreizählig gefie-

19

19

20

20

21

derte Struktur der Blätter hin. Die aufrechten Stängel des Stern-Klees sind dicht behaart. Wie alle Kleearten bildet er kugelige Blütenköpfchen aus. Typisches Merkmal sind die zugespitzten Kelchzähne der rosafarbenen Blüten – sie haben die doppelte Länge wie die Blütenröhre.

Verbreitung: Der Schmetterlingsblütler ist im ganzen Mittelmeerraum verbreitet, wo er Wegränder und Brachflächen besiedelt. Auf Madeira reicht er von mittleren Höhenlagen bis zu den höchsten Gipfeln hinauf, ein kleiner Bestand findet sich unmittelbar vor der Radarstation auf dem Pico do Arieiro.

Madeira-Grasnelke *(Armeria maderensis)* 22

Familie: *Bleiwurzgewächse (Plumbaginaceae)*
Portugiesischer Name: *arméria da Madeira*
Blütezeit: *Juni – August*
Heimat: *Madeira-Endemit*

Erstmals beschrieben wurde das Bleiwurzgewächs von dem britischen Geistlichen und Naturforscher Richard Thomas Lowe (1802–1874), der um 1831 als anglikanischer Kaplan auf Madeira wirkte und auf seinen botanischen Exkursionen etliche endemische Arten entdeckte. Für die Madeira-Grasnelke musste er bis zu den höchsten Gipfeln aufsteigen.

Merkmale: Die krautige Nelkenart wird 20–50 cm hoch. Sie hat kahle lange Stängel mit endständigen hübschen rosafarbenen Blütenköpfchen. Die nur einige Millimeter breiten Blätter sitzen an der Basis und sind zu einem Büschel geformt.

Verbreitung: Grasnelken kommen weltweit in 50 Arten vor, manche davon werden als Zierpflanzen kultiviert. Der Lebensraum der Madeira-Grasnelke beschränkt sich auf felsige Höhenlagen zwischen 1700 und 1800 m. Einen Standort gibt es beispielsweise am Aussichtpunkt Pedra Rija (S. 30).

Madeira-Steinbrech *(Saxifraga maderensis)* 23

Familie: *Steinbrechgewächse (Saxifragaceae)*
Portugiesischer Name: *saxífraga de Madeira*
Blütezeit: *April – Juni*
Heimat: *Madeira-Endemit*

Die nur auf Madeira vorkommende Art ist wie viele ihrer europäischen Verwandten in felsigem Terrain zu Hause und gut an das mitunter von Frost heimgesuchte Klima im Zentralmassiv angepasst. Der Gattungsname *Saxifraga* wurde dem Lateinischen entlehnt (saxum = Felsen, frangi = zerbrechen). Felsen brechen kann das kleine Gewächs natürlich nicht, doch siedelt es vielerorts in Felsritzen oder überzieht das Gestein mit kleinen Polstern.

Merkmale: Die krautige Pflanze wird 6–15 cm hoch. Sie kommt in zwei Varietäten mit leicht unterschiedlichen Blättern vor: *S. maderensis* var. *maderensis* hat nierenförmige Grundblätter, bei *S. maderensis* var. *pickeringii* ähneln diese eher der Form eines Fächers. Die fünf Kronblätter sind von blütenweißer Farbe, sie sitzen am Ende von rostroten Stängeln.

Verbreitung: Das Gebiet des Madeira-Steinbrech reicht vom Lorbeerwald bis ins Hochgebirge auf 1700 m hinauf. Man findet ihn beispielsweise am Wanderweg vom Pico do Arieiro zum Pico Ruivo.

Ähnliche Arten: Nur auf der Nachbarinsel Porto Santo kommt *S. portosanctana* vor. Er blüht ebenfalls weiß.

22

23

Madeira-Augentrost *(Odontites hollianus)* 24

Familie: *Sommerwurzgewächse (Orobanchaceae)*
Portugiesischer Name: *odontites*
Blütezeit: *Juni – August*
Heimat: *Madeira-Endemit*

Der Madeira-Augentrost ist ausschließlich in der felsigen Bergwelt Madeiras zu Hause. Er zählt zu den halbparasitischen Pflanzen (Halbschmarotzern). Diese beziehen durch die Wurzeln ihren Bedarf an Nährstoffen und Wasser von benachbarten Pflanzen.
Merkmale: Die krautige Pflanze wird 20–40 cm hoch. Ihre ungestielten Blätter sind grob gesägt und genauso wie die Stängel von kurzen Flaumhärchen überzogen. Den Blütenstand zieren bis zu zehn gelbe Lippenblüten. Die Blätter färben sich während der Blütezeit von grün zu rotbraun und fallen dann ab.
Verbreitung: Die nur auf Madeira vorkommende Art ist extrem selten; sie siedelt oberhalb der Lorbeerwaldzone und reicht bis in Lagen von 1800 m hinauf. Man findet sie beispielsweise am Wanderweg vom Pico do Arieiro zum Miradouro Pedra Rija (S. 30).

Madeira-Veilchen *(Viola paradoxa)* 25

Familie: *Veilchengewächse (Violaceae)*
Portugiesischer Name: *violeta da Madeira*
Blütezeit: *Mai – Juli*
Heimat: *Madeira-Endemit*

Höher hinauf geht es auf der Blumeninsel nicht! Das Madeira-Veilchen hat sich den schwierigen Witterungsverhältnissen im Hochgebirge angepasst und siedelt im Bereich des höchsten Inselgipfels. Doch die nur auf Madeira vorkommende Art gilt als extrem gefährdet, die verbliebene Anzahl der Individuen wird auf etwa 1000 geschätzt.
Merkmale: Das Madeira-Veilchen wird 5–20 cm hoch. Die gestielten Grundblätter sind im oberen Bereich spatelförmig, die Stängel oft niedergestreckt. Die ungleichen goldgelben Blütenblätter werden von dunkelbraunen bis fast schwarzen Blattadern durchzogen.
Verbreitung: Der Lebensraum der endemischen Art beschränkt sich auf die Gebirgsregion zwischen 1600 und 1862 m, meist wächst sie an nur schwer zugänglichen Stellen. Eine kleine Population findet sich im Gipfelbereich des Pico Ruivo.

Zweifarbiger Schöterich *(Erysimum bicolor)* 26

Familie: *Kreuzblütler (Brassicaceae)*
Portugiesischer Name: *goivo da serra*
Blütezeit: *März – Juni*
Heimat: *makaronesischer Endemit*

Für Farbtupfer im Hochland sorgt oft der Zweifarbige Schöterich. Zweifarbig deshalb, weil seine hübschen Kreuzblüten von weiß bis violett changieren.
Merkmale: Der Halbstrauch wird 30–80 cm hoch. Die gezähnten, schmalen Blätter sind um die Basis der Pflanze angeordnet. Typisch sind die sich paarweise gegenüberstehenden weiß-violetten Kronblätter der Blüte.
Verbreitung: Der auch auf den Kanaren vorkommende Kreuzblütler steht bevorzugt an Felshängen und in lichten Waldzonen zwischen 500 und 1800 m.

24

25

26

Einen großen Bestand gibt es am Weg von Achada do Teixeira zur Casa de Abrigo am Fuß des Pico Ruivo (S. 31); auch kann die Wildblume am Gipfel des Pico do Arieiro (S. 30) und an manchen Levadas im Lorbeerwald entdeckt werden.

Ähnliche Arten: Der Madeira-Schöterich *(E. maderense)* hebt sich vom Zweifarbigen Schöterich durch gelbe Blüten ab. Die Pflanze ist sehr selten, sie siedelt vornehmlich an unzugänglichen Kliffs der Südküste, etwa dem Cabo Girão.

Madeira-Ampfer *(Rumex maderensis)* 27

Familie: *Knöterichgewächse (Polygonaceae)*
Portugiesischer Name: *azedas*
Blütezeit: *Juni – August*
Heimat: *makaronesischer Endemit*

Der Madeira-Ampfer ist mit dem in Mitteleuropa verbreiteten Wiesen-Sauerampfer *(R. acetosa)* verwandt und enthält wie jener Oxalsäure. Die Blätter sind essbar, aber nicht besonders wohlschmeckend.

Merkmale: Die krautige Pflanze erreicht eine Wuchshöhe von 20–100 cm. Die herzförmigen Blätter mit kurzen Stielen sitzen an oft rötlichen Stängeln. Der ährige Blütenstand ist mit zahllosen kleinen blassroten Einzelblüten besetzt. In der Kräutermedizin wird den Blättern eine harntreibende und blutreinigende Wirkung zugeschrieben.

Verbreitung: Die feuchtigkeitsliebende Art kommt außer auf Madeira auch auf den Kanarischen Inseln vor. Das Verbreitungsgebiet reicht von der Küstenzone (ab 200 m) bis in Höhenlagen von mehr als 1000 m hinauf. Größere Bestände finden sich u. a. an der Zufahrt zum Wasserkraftwerk Fajã da Nogueira, am Fuß des Pico Grande und im Tal von Tabua entlang der Levada Nova.

Ähnliche Arten: Auf Madeira relativ selten ist der auf die Gebirgslagen im Zentralmassiv begrenzte Stierkopf-Ampfer *(R. bucephalophorus)*. Im Unterschied zum Madeira-Ampfer sind seine Blüten in einer aufrecht stehenden ährenförmigen Traube angeordnet. In der Küstenzone kommt auch eine Varietät des Blasenampfers *(R. simpliciflorus* var. *maderensis)* vor.

Adlerfarn *(Pteridium aquilinum)* 28

Familie: *Adlerfarngewächse (Dennstaedtiaceae)*
Portugiesischer Name: *feto-comum, feto-do-monte, feiteira u. a.*
Heimat: *weltweit*

Wüsten und die Polarregionen ausgenommen kommt der Adlerfarn auf der ganzen Welt vor. Auf Madeira ist er so normal, dass er vielfach einfach nur »feto« (Farn) genannt wird. Genauso wie Stechginster und Akazien gehört er zu den stark invasiven Pflanzen, die durch ihr aggressives Wachstum der lokalen Flora vielerorts den Platz streitig machen.

Merkmale: Der Adlerfarn wird 1–2 m hoch. Seine leicht überhängenden gefiederten Wedel sind 0,6–1,2 m lang, sie vertrocknen gegen Ende des Sommers. Wie bei allen Farnarten befinden sich die Sori an der Unterseite der Blattfiedern. Alle Pflanzenteile sind giftig.

Verbreitung: Auf Madeira ist der Adlerfarn von der Küstenzone bis weit ins Hochland hinauf verbreitet. Vielerorts ist er landschaftsprägend, etwa auf dem Paul da Serra und in der Region um Fanal; in lichten Kiefern- und Eukalyptuswäldern stellt die Art oft den Unterwuchs, auch an vielen Levadawegen trifft man den Farn an.

26

27

27

28

Ziergewächse aus aller Welt

Zum Namen »Blumeninsel« trugen wesentlich die aus aller Welt nach Madeira eingeführten Ziergewächse bei. Sie kommen größtenteils aus tropischen und subtropischen Regionen und haben sich dank des milden Inselklimas gut an den neuen Lebensraum angepasst.

Sehr zahlreich sind dekorative Gewächse aus der ausgesprochen artenreichen Kapflora Südafrikas. In öffentlichen Parks und Gärten, aber auch an Straßenrändern und Levadawegen trifft man allerorten auf die Afrikanische Schmucklilie, die vom Frühjahr bis in den Sommer hinein mit ihren hauptsächlich blaulila, aber auch weißen Blütendolden das Auge erfreut. Kap-Milchstern und Kap-Geißblatt, Belladonna- und Fackellilie, Watsonie und Montbretie, sie alle kommen aus dem schier unerschöpflichen botanischen Reservoir Südafrikas. Nicht zu vergessen Strelitzien und verschiedene Protea-Arten, die von Großgärtnereien auf Madeira auch kommerziell angebaut werden. Manche davon sind erfolgreich aus Gärten »geflüchtet« und gelten mittlerweile als eingebürgert, etwa die Baumartige Aloe und etliche Mittagsblumengewächse.

Ebenfalls stark präsent ist die Flora aus Übersee. Aus Mittelamerika (vornehmlich aus Mexiko) kommt zum Beispiel der Weihnachtsstern, den man auf Madeira mitunter als baumhohen Strauch am Straßenrand stehen sieht. Allerorten wuchern Fensterblatt und Schwanenhals-Agave, zu den Sammlungen der Gärten gehören Zigarettenblümchen und Zimmerhopfen. Aus Kolumbien kommt die Flamingoblume, aus Ecuador die Engelstrompete. Die Bolivianische Fuchsie trägt ihr Heimatland bereits im Namen. Brasilien wird durch Feuerranke und Feuersalbei, die Prinzessinnenblume und den Wollblütigen Nachtschatten vertreten; aus der ehemaligen portugiesischen Kolonie stammen vermutlich auch die Große Kapuzinerkresse und die heute in allen warmen Klimazonen verbreitete Bougainvillea. Aus Australien bereichern Zylinderputzer und Coopers Baumfarn die Gärten, aus Neuseeland die bildhübsche Strauchveronika.

Opulent arrangierte Zierflora in Palheiro Gardens.

Prinzessinnenblumen in Santana ...

Die »Importe« aus Fernost sind überschaubar, doch vor allem Hortensie und Kamelie, beide stammen ursprünglich aus Japan, sind auf Madeira ausgesprochen populär. Die Hortensie ist neben der Schmucklilie ein fester Bestandteil der »Levadaflora«. Ein Faible für Kamelien hatten vor allem die im 19. Jahrhundert auf Madeira heimisch gewordene Engländer, die sich um ihre mondänen Landhäuser (Quintas) opulente Gartenanlagen leisteten und so ganz nebenbei die englische Gartenkultur nach Madeira brachten. Einer der prächtigsten Gärten ist Palheiro Gardens (S. 14), in dem die wohl schönste Kamelienallee Madeiras bestaunt werden kann. Ein Kosmopolit, der auch auf Madeira nicht fehlt, ist der ursprünglich in Südostasien beheimatete Hibiskus.

Natürlich gibt es auch Einwanderer aus gemäßigten Klimazonen. Aus dem Himalaja kamen beispielsweise Rhododendron und Knöpfchen-Knöterich nach Madeira. Aus dem mediterranen Florenreich sei an erster Stelle der Oleander erwähnt, auch Akanthus, Spornblume und andere Mittelmeerwildblumen wie Affodill und Saat-Siegwurz haben auf Madeira ebenfalls ein Zuhause gefunden.

... Baumartige Aloen über Paul do Mar.

Chinesischer Blauregen *(Wisteria sinensis)* 1

Familie: *Hülsenfrüchtler (Fabaceae)*
Portugiesischer Name: *glicínia, lilases*
Blütezeit: *März – Juni*
Heimat: *Ostasien (China)*

Auch in Mitteleuropa ist die winterharte Pflanze eine gute Bekannte. Gärtner mögen den Blauregen nicht nur wegen seiner außerordentlichen Blütenfülle, sie wissen auch die robuste Natur und nicht zuletzt das schnelle Wachstums des Kletterers zu schätzen. Umgangssprachlich wird der Schmetterlingsblütler auch Glyzinie genannt. Er zeigt sich auf Madeira genauso wie nördlich der Alpen im Frühling von seiner besten Seite.

Merkmale: Der laubabwerfende Kletterstrauch erreicht bei entsprechender Aufstiegshilfe eine Höhe von bis zu 15 m. Mit seinen verholzten, armdicken Stämmen kann er über 100 Jahre alt werden. Die wohlriechenden, blauvioletten Blüten hängen in dichten Trauben von den Zweigen herab. Die reifen Hülsenfrüchte platzen geräuschvoll auf und schleudern ihre linsengroßen Samen heraus. Alle Pflanzenteile sind giftig.

Verbreitung: Der Chinesische Blauregen ist vor allem in Europa und Nordamerika weit verbreitet. Auf Madeira rankt er vielerorts Mauern und Laubengänge hinauf.

Große Kapuzinerkresse *(Tropaeolum majus)* 2

Familie: *Kapuzinerkressengewächse (Tropaeolaceae)*
Portugiesischer Name: *capuchinha, mastruço do Perú, chagas*
Blütezeit: *Februar – Oktober*
Heimat: *Südamerika (Brasilien, Peru)*

Die Kapuzinerkresse ist Zier- und Heilpflanze zugleich. Mit ihren goldgelben bis leuchtend orangeroten Blüten setzt sie vielerorts Akzente. Als Arzneipflanze wird sie seit Ende des 17. Jahrhunderts kultiviert – schon die Inkas schätzten sie als schmerz- und wundstillendes Heilmittel. Die moderne Wissenschaft führt die medizinische Wirkung u. a. auf antibakteriell wirkende Senföle zurück. In der Naturheilkunde werden Extrakte aus der Kapuzinerkresse bei Harnwegs- und Blasenentzündungen verordnet. Fast alle Pflanzenteile sind essbar; Blätter und Blüten ergänzen Salate, in Essig eingelegte Samen können wie Kapern gegessen werden. Der Name der Pflanze wird übrigens auf die Blütenform zurückgeführt – zumindest in halb geschlossenem Zustand erinnert diese entfernt an eine Kutte, wie sie von Kapuzinermönchen getragen wird.

Merkmale: Die kriechende oder kletternde Pflanze wird maximal 30 cm hoch, kann sich jedoch mit ihrem dichten Geflecht aus Stängeln und Blättern über mehrere Quadratmeter ausbreiten. Auch wenn die Kapuzinerkresse gerade nicht blüht, kann man sie leicht bestimmen, und zwar an den bis zu 10 cm großen, runden Blättern. Charakteristisch sind neun von der Blattmitte abgehende Blattadern, auch der Stielansatz befindet sich mitten im Blatt. Die Blüten changieren von gelb über orange zu gold und rot und haben oft eine dunkle Zeichnung.

Verbreitung: Die Große Kapuzinerkresse kam schon bald nach der Besiedlung der Insel als Ziergewächs nach Madeira und findet sich heute in vielen Bauerngärten; verwildert hat sie sich auf Ruderalflächen und entlang von Levadas angesiedelt, mitunter lässt sie Böschungen und Brachflächen unter einem dichten Pflanzenteppich verschwinden.

1

1

2

2

Kap-Bleiwurz *(Plumbago auriculata syn. P. capensis)* 3

Familie: *Bleiwurzgewächse (Plumbaginaceae)*
Portugiesischer Name: *plúmbago*
Blütezeit: *ganzjährig*
Heimat: *Südafrika (Kap-Provinz)*

In den botanischen Gärten und Parks Europas ist die ursprünglich am Kap der Guten Hoffnung beheimatete Bleiwurz ein populäres Sommergewächs. Nördlich der Alpen muss die frostempfindliche Zierpflanze allerdings im Kübel gehalten werden; auf Madeira kann man sie das ganze Jahr über im Freiland blühen sehen.

Merkmale: Der 2–3 m hoch werdende immergrüne Strauch will es besonders sonnig haben. Die hellblauen Blüten (es gibt auch die weiß blühende Sorte ›Alba‹ **3a**) stehen in ährigen Blütenständen zusammen. Es sind sogenannte Stieltellerblüten, die einen guten Landeplatz für Schmetterlinge abgeben – die fünf Kronblätter sitzen dabei tellerförmig auf einer engen Röhre.

Verbreitung: Die Kap-Bleiwurz blüht auf Madeira in vielen Hausgärten und öffentlichen Parks.

Feuerranke *(Pyrostegia venustra)* 4

Familie: *Trompetenbaumgewächse (Bignoniaceae)*
Portugiesischer Name: *gaitinhas*
Blütezeit: *ganzjährig (Hauptblüte Oktober – März)*
Heimat: *Brasilien, Paraguay*

Spektakuläre Flammenbäume, feuerrot blühende Ziergewächse aus Südamerika – die Blumeninsel hat davon etliches zu bieten. Mitten im mitteleuropäischen Winter steht u.a. die Feuerranke in voller Blüte, sie wird auch Flammenwein oder Feuer-Bignonie genannt.

Merkmale: Der immergrüne Kletterstrauch wird an natürlichen Kletterhilfen oder einem Rankgerüst 3–8 m hoch. Die schlanken, orangeroten Trompetenblüten stehen in dichten Büscheln beieinander.

Verbreitung: Auf Madeira rankt das Trompetenbaumgewächs an sonnigen Standorten Gartenzäune und Mauern hinauf und ist natürlich auch die Zierde von botanischen Gärten.

Kap-Geißblatt *(Tecoma capensis* syn. *Tecomaria capensis)* 5

Familie: *Trompetenbaumgewächse (Bignoniaceae)*
Portugiesischer Name: *camarões*
Blütezeit: *ganzjährig*
Heimat: *südliches Afrika (Kap-Region, Swasiland, Mosambik)*

Das Kap-Geißblatt, es wird auch Kap-Bignonie genannt, ist leicht an der Form seiner aufrecht stehenden roten Blüten zu bestimmen – und dies das ganze Jahr über. Die attraktiven Blüten ziehen viele Vögel und Schmetterlinge an. Im Englischen heißt das Geißblatt »Honeysuckle« (Honigsauger).

Merkmale: Der immergrüne kletternde Strauch wird bis zu 3 m hoch. Die leuchtend orangefarbenen bis zinnoberroten Trichterblüten stehen büschelweise teils aufrecht an den Zweigenden, die Staubfäden ragen weit aus der Blüte heraus.

Verbreitung: Der Zierstrauch ist auf Madeira relativ weit verbreitet und oft an Straßenrändern (in Funchal) und in Hausgärten zu sehen, er wird auch

3

3a

4

4

5

5

als Heckenpflanze kultiviert, mitunter kommt er wild vor. In Europa ist das Kap-Geißblatt eine beliebte Kübelpflanze.
Ähnliche Arten: In den Parks von Madeira sieht man oft den verwandten Gelben Trompetenbaum *(T. stans)* **5a**; dieser kommt nicht aus Afrika, sondern aus Mittelamerika.

Girlandenblume *(Hedychium gardnerianum)* 6

Familie: *Ingwergewächse (Zingiberaceae)*
Portugiesischer Name: *roca-de-vénus, roca-da-velha*
Blütezeit: *Juli – September*
Heimat: *Himalaja (Nepal, Sikkim, Nordindien)*

Das ursprünglich im Himalaja beheimatete Ingwergewächs wird auch Zier- oder Schmetterlingsingwer genannt und ist eigentlich eine wunderhübsche Blütenpflanze. Doch diese ist auf Madeira genauso wie auf den Azoren nicht gern gesehen – wegen ihres invasiven Charakters wird sie bekämpft.
Merkmale: Die krautige Pflanze bildet sich aus einem dickfleischigen Rhizom und erreicht eine Wuchshöhe von 1–2 m. Ihre wechselständig angeordneten Blätter werden bis zu 45 cm lang und haben eine ausgeprägte Mittelrippe. Der bis zu 30 cm hohe ährenartige Blütenstand trägt angenehm duftende gelbe Blüten, aus denen bis zu 6 cm lange rote Staubfäden herausragen. Anders als beim Ingwer *(Zingiber officinale)* sind die Rhizome nicht essbar.
Verbreitung: Das Ingwergewächs kommt außer in den Ländern des Himalajas auch in Australien und Hawaii vor. Auf Madeira reicht das Siedlungsgebiet von der Küste bis in die Übergangszone zum Lorbeerwald hinauf. Vor allem an der etwas kühleren und niederschlagsreicheren Nordküste (z. B. oberhalb von Boaventura) breitet sich die Pflanze mitunter stark aus und verdrängt dadurch die lokale Flora. Von einem einmal »befallenen« Boden sind die knolligen Rhizome nur mit aufwendigen Maßnahmen zu entfernen.

Muschelingwer *(Alpinia zerumbet)* 7

Familie: *Ingwergewächse (Zingiberaceae)*
Portugiesischer Name: *alpínia, gengibre-concha u. a.*
Blütezeit: *April – August*
Heimat: *Ostasien (China, Südjapan)*

Die Zierpflanze kam schon Ende des 18. Jahrhunderts nach Europa und wird seither in vielen botanischen Gärten kultiviert – sofern es das Klima erlaubt im Freiland, ansonsten in Tropenhäusern. Muschelingwer wird das Gewächs genannt, weil die exotisch aussehende Blüte einer Muschel ähnelt.
Merkmale: Die immergrüne Staude erreicht eine Wuchshöhe von 2,5–3 m. Den Spross besetzen wechselständig angeordnete dunkelgrüne Blätter von bis zu 1 m Länge, diese werden von auffälligen weißen Streifen durchzogen. Der bis zu 50 cm lange überhängende Blütenstand besteht aus attraktiven trichterförmigen Blüten mit weißen Kron- und Kelchblättern. Das gelbe Labellum (die Lippe) wird von einer feuerroten Zeichnung durchzogen – sie hat die Funktion, bestäubende Insekten anzuziehen. Alle Pflanzenteile sind giftig.
Verbreitung: Auf Madeira kann der Muschelingwer u. a. in Funchal im Parque de Santa Catarina (S. 12) bewundert werden. In Mitteleuropa wird er als Topfpflanze für den Wintergarten angeboten.

5a

6

6

7

Garten-Dahlie *(Dahlia x hortensis)* 8

Familie: *Korbblütler (Asteraceae)*
Portugiesischer Name: *dália-de-jardim*
Blütezeit: *April – Oktober*
Heimat: *Mexiko*

»Königin des Spätsommers« wird die Dahlie in Mitteleuropa nicht von ungefähr genannt – auf Madeira blühen die ersten Sorten schon im Frühjahr. In Hausgärten und botanischen Gärten entfachen sie dann ein wahres »Dahlienfeuer«. Das Sortenspektrum ist riesig, selbst Fachleute haben den Überblick verloren – es soll mehrere 10.000 Sorten geben! Die ersten Pflanzen kamen gegen Ende des 18. Jahrhunderts von Mexiko nach Spanien; von dort traten sie ihren Siegeszug durch die ganze Welt an. Einen entscheidenden Anteil an der Ausbreitung als dekorative Zierpflanze hatte auch Alexander von Humboldt, der 1803 von seiner Amerikareise Samen aus Mexiko an den Botanischen Garten in Berlin schickte. In vielen Ländern wurden Gesellschaften und Vereine gegründet, die sich vornehmlich der Dahlie widmen. In Deutschland etwa bietet seit 1897 die Deutsche Dahlien-Gesellschaft sowohl Hobbygärtnern als auch Profis eine Plattform zum Erfahrungsaustausch. In Europa sind Dahlien so heimisch geworden, dass man bei ihrem Anblick nicht mehr daran denkt, dass es sich dabei ursprünglich um Exoten handelte. Der Artname ehrt den schwedischen Botaniker Anders Dahl (1751–1789).

Klassifizierung: Von Gärtnern wird das Dahliensortiment in 15 Sortengruppen aufgeteilt, angefangen von Einfachen Dahlien über Halskrausendahlien und Balldahlien bis hin zu Pompon-, Seerosen- und Kaktusdahlien, um nur einige davon zu nennen. Etliche alte Sorten verschwanden wieder von der Bildfläche; als älteste bekannte Sorte gilt die 1879 in England gezüchtete Pompondahlie ›White Aster‹, als älteste deutsche Züchtung die Balldahlie ›Kaiser Wilhelm‹ von 1881, eine buschige Staude mit gelbrot gefüllten Blüten – es gibt sie noch immer im Handel.

Merkmale: Die Wuchshöhe der ausdauernden Knollengewächse reicht je nach Sorte von 0,3–2 m. Die endständigen Blütenstände sitzen an schmalen Stängeln. Das Farbspektrum variiert von weiß über gelb bis rot und purpur, manche Sorten sind zwei- oder dreifarbig. Der Formenreichtum lässt mitunter kaum noch erkennen, dass es sich um Korbblütler handelt.

Verbreitung: Farbenpracht, Sortenreichtum und Formenvielfalt machten die Dahlie in vielen Ländern Mitteleuropas zu einer der am meisten kultivierten Zierpflanzen im Garten. Auf Madeira sind sie angesichts der riesigen »Konkurrenz« an aus aller Welt eingeführten subtropischen Ziergewächsen weitaus weniger vertreten. Doch viele Gärten, allen voran Palheiro Gardens, warten mit opulent in Szene gesetzten Dahlienrabatten auf.

Mittagsgold *(Gazania rigens syn. G. splendens)* 9

Familie: *Korbblütler (Asteraceae)*
Portugiesischer Name: *gazânia*
Blütezeit: *März – November*
Heimat: *Südafrika, Namibia, Mozambique*

Wie bei der Mittagsblume (S. 178) entfaltet sich die Blütenpracht dieses dekorativen Korbblütlers aus dem südlichen Afrika erst gegen Mittag; sobald sich der Tag zum Ende neigt, klappt die Zierblume ihr Körbchen wieder zu. Zur Gattung

8

8

8

8

8

8

9

Gazania zählen rund 20 Arten. Außerhalb der Heimat im südlichen Afrika ist das Mittagsgold heute in allen subtropischen Regionen zu Hause.

Merkmale: Das krautige Mittagsgold wird 20–40 cm hoch. Die Blütenkörbchen werden von goldgelben, im unteren Bereich orangeroten Hüllblättern gerahmt (es gibt auch zahlreiche Züchtungen in anderen Farben).

Verbreitung: Das Mittagsgold ist in Madeiras Gärten (z. B. Palheiro Gardens) eine beliebte Zierpflanze. Es ist auch auf den Azoren weit verbreitet.

Pestwurz-Greiskaut *(Roldana petasitis* syn. *Senecio petasitis)* 10

Familie: *Korbblütler (Asteraceae)*
Portugiesischer Name: *senécio*
Blütezeit: *Februar – August*
Heimat: *Mexiko*

Als Zierpflanze aus Mexiko eingeführt hat sich das Pestwurz-Greiskraut auf Madeira selbstständig gemacht und stellt in lichten Mischwäldern vielerorts den Unterwuchs.

Merkmale: Der verzweigte Strauch wird 1–2,5 m hoch. Seine gelappten rundlichen Blätter sind mit einem Durchmesser von bis zu 25 cm recht groß. Der meist halbkugelige Blütenstand setzt sich aus zahlreichen gelben Einzelblüten zusammen. Alle Pflanzenteile sind giftig.

Verbreitung: Der Korbblütler ist auf Madeira eingebürgert. Er kommt verwildert vornehmlich in Höhenlagen zwischen 300 und 700 m vor. Größere Bestände finden sich u. a. östlich von Funchal im Tal der Ribeira de João Gomes und entlang der Levada da Serra.

Leopardenpflanze *(Farfugium japonicum* syn. *Ligularia tussilaginea)* 11

Familie: *Korbblütler (Asteraceae)*
Portugiesischer Name: *boinas, patas-de-cavalo*
Blütezeit: *Juni – Dezember*
Heimat: *Ostasien (Japan, China, Korea)*

Leopardenpflanze, Rosshuf und Japanischer Scheingoldkolben – ein Gewächs mit vielen Namen, von denen sich bislang keiner als allgemeingültige Bezeichnung durchsetzen konnte. Die meisten der Namen verdankt das Gewächs seinen außergewöhnlichen Blättern, die durchaus an eine Leopardentatze oder einen Pferdehuf denken lassen. Angesichts der auffälligen Blattform geht oft unter, dass der Korbblütler auch eine kleine Blüte hat.

Merkmale: Die Pflanze erreicht eine Wuchshöhe von bis zu 60 cm. Sie verbreitet sich durch Rhizome und deckt mit ihren großen, runden Blättern oft eine größere Fläche ab. Die glänzenden Blätter sitzen endständig an langen Stielen, sie sind meist stark gewellt und haben einen Durchmesser von bis zu 25 cm. Die Pflanze bringt kleine gelbe Korbblüten hervor. Alle Pflanzenteile enthalten krebserregende Alkaloide.

Verbreitung: Die Leopardenpflanze wird wegen ihrer Blätter oft als Ziergewächs gepflanzt, zum Beispiel im Stadtpark von Monte. An manchen Levadas oder an der Nordküste Madeiras, etwa in Boaventura, kommt sie auch verwildert vor.

Ähnliche Arten: Als Zimmerpflanze im Handel ist die Sorte ›Aureomaculata‹ diese zeichnet sich durch gelb gepunktete Blätter aus.

9

10

10

11

11

Rote Spornblume *(Centranthus ruber)* 12

Familie: *Geißblattgewächse (Caprifoliaceae)*
Portugiesischer Name: *rosa da rocha, alfinetes*
Blütezeit: *März – Oktober*
Heimat: *Mittelmeerraum, Nordafrika*

Die Rote Spornblume stammt aus dem Mittelmeergebiet und ist auf Madeira eingebürgert. Ihr portugiesischer Name rosa da rocha (Felsenrose) weist darauf hin, dass sie sich außerhalb von Gärten auch in unwirtlichem Terrain behaupten kann. Wild wachsend sieht man sie häufig auf Felsschutt im Halbschatten von lichten Wäldern.

Merkmale: Die krautige Pflanze wird 30–80 cm hoch. Die lanzettlichen bis herzförmigen Blätter sitzen gegenständig an einem nur wenig verzweigten Stängel. Der schirmähnliche Blütenstand wird von zahlreichen rosa bis roten Einzelblüten mit bis zu 1 cm langen zylinderförmigen Röhren gebildet; gelegentlich ist auch die weiß blühende Zuchtform (›Albus‹) **12a** zu sehen. Charakteristisch für die Blüte ist ein 4–7 mm langer dünner Sporn.

Verbreitung: Die Rote Spornblume ist rund um das Mittelmeer zu Hause. Auf Madeira klettert sie von der Küste bis in Lagen von 700 m hinauf. Häufig ist sie zum Beispiel an der Levada dos Tornos (S. 22), der Levada do Serra Faial zwischen Camacha und Choupana und an der Levada Nova bei Lombada zu sehen.

Schwanenhals-Agave *(Agave attenuata)* 13

Familie: *Spargelgewächse (Asparagaceae)*
Portugiesischer Name: *piteira, agave-pescoço-de-cisne*
Blütezeit: *Dezember – Februar*
Heimat: *Mexiko*

Im Sommer oder Herbst macht die Agavenart lediglich durch eine, wenn auch nicht gerade unscheinbare, Rosette dickfleischiger Blätter auf sich aufmerksam. Ihrem Namen gerecht wird sie erst zur Blüte im Winter.

Merkmale: Aus einer bis zu 1,5 m hohen Rosette aus sukkulenten Blättern wächst nach zwei oder drei Jahren ein spektakulärer Blütenstand von bis zu 4 m Länge empor. Er strebt zunächst himmelwärts, um sich dann, dem Gesetz der Schwerkraft folgend, nach unten zu neigen. Der Schaft ist mit Tausenden kleiner zitronengelber Blüten besetzt. Nach der Blüte stirbt die Mutterpflanze ab, zuvor sorgen reichlich Ableger für Nachwuchs.

Verbreitung: Ihr auffälliges Erscheinungsbild macht die Schwanenhals-Agave zu einem weltweit in den warmen Klimazonen verbreiteten Ziergewächs. Auf Madeira reckt sie vielerorts ihren Hals über Gartenmauern, mancherorts hat sie sich auch außerhalb von Parks und Gärten selbstständig gemacht.

Ähnliche Arten: Ebenfalls aus Mittelamerika eingeführt wächst verwildert die Amerikanische Agave *(A. americana)*. Mit ihrem bis zu 8 m hohen aufrechten Blütenstand setzt sie in der trockeneren Küstenzone weithin sichtbare Akzente, bis zur Blüte vergehen 8–10 Jahre. Die ausgesprochen robuste Pflanze wächst vielerorts wild und verdrängt nicht selten die heimische Flora. Dessen ungeachtet wird sie auf Madeira oft als Zierpflanze kultiviert. In Parks und Gärten ist die aus Mexiko stammende Sisal-Agave *(A. sisalana)* **13a** zu sehen, früher eine bedeutende Faserpflanze, aus der u. a. Taue, Seile und Teppiche hergestellt wurden.

12

12

13

12a

13a

Kap-Milchstern *(Ornithogalum thyrsoides)* 14

Familie: *Spargelgewächse (Asparagaceae)*
Portugiesischer Name: *torrões de açúcar, pinhas*
Blütezeit: *April – Juni*
Heimat: *Südafrika (Kap-Provinz)*

Wie so viele auf Madeira eingebürgerte subtropische Ziergewächse kommt auch der Kap-Milchstern aus Südafrika. Besonders hübsch: Die kegelförmig angeordneten milchig-weißen Blüten öffnen sich nach und nach von unten nach oben und sorgen so für eine lange Blühperiode.

Merkmale: Die krautige Zwiebelpflanze wird 20–60 cm hoch. Den kerzengeraden Stängel fassen am Grund bis zu 20 cm lange, schmale Blätter ein. Der kegelförmige bis rundliche Blütenstand ist mit bis zu 40 weißen Einzelblüten besetzt.

Verbreitung: Der Kap-Milchstern reicht an von der Sonne begünstigten Hanglagen bis auf 800 m hinauf. Man findet ihn in Gärten und entlang von Levadas. Die Zierpflanze wird in kleinem Umfang auch kultiviert und als Schnittblume auf Blumenmärkten angeboten.

Watsonie *(Watsonia borbonica* subsp. *ardernei)* 15

Familie: *Schwertliliengewächse (Iridaceae)*
Portugiesischer Name: *hastes de San José*
Blütezeit: *Juni – August*
Heimat: *Südafrika*

Der französische Name (Lis du Cap = Kap-Lilie) weist auf die südafrikanische Heimat dieses dekorativen Schwertliliengewächses hin. Die Watsonie kam ursprünglich als Zierpflanze nach Madeira und fühlt sich an feuchten Standorten so wohl, dass sie auch ohne menschliche Pflege zurechtkommt. Der Gattungsname bezieht sich auf den englischen Naturforscher, Arzt und Apotheker William Watson (1715–1787).

Merkmale: Wie auch die Montbretie (s. u.) ähnelt die Watsonie der Gladiole. Am Ende des bis zu 1 m langen Stängels bilden sich hübsche weiße oder rosa Blüten. Wie viele Schwertliliengewächse hat sie lange schwertförmige Blätter.

Verbreitung: Die Watsonie wird in Gärten und entlang von Levadas kultiviert, oft wächst sie verwildert bis in Höhenlagen von 700 m. Leicht zu finden ist die Zierblume u. a. an der Levada das Rabaças am Encumeada-Pass (S. 25).

Garten-Montbretie *(Crocosmia x crocosmiiflora)* 16

Familie: *Schwertliliengewächse (Iridaceae)*
Portugiesischer Name: *mombrécias*
Blütezeit: *Mai – August*
Heimat: *Zentral- und Südafrika*

Das Ziergewächs trägt den Namen des französischen Botanikers Ernest Coquebert de Montbret (1780–1801). Dieser nahm 1800 an Napoleon Bonapartes Invasion in Ägypten teil und widmete sich dort dem Studium der ägyptischen Flora. Montbret verstarb jedoch schon bald an einer in Kairo grassierenden Pestepidemie – im jungen Alter von 21 Jahren.

Merkmale: Die Garten-Montbretie wird 50–90 cm groß. Sie ist eine aus Gold-

14

14

15

15

16

Montbretie *(C. aurea)* und Potts-Montbretie *(C. pottsii)* gekreuzte Kulturform. Das Erscheinungsbild ähnelt dem der verwandten Gladiole. Der schlanke Stängel wird von bis zu 50 cm langen schmalen Blättern eingefasst. Die attraktive Blüte zeichnet sich durch ein kräftiges Orangerot aus.
Verbreitung: Das natürliche Verbreitungsgebiet der Montbretie erstreckt sich von der südlichen Sahara bis in die Kap-Region und auf die Insel Madagaskar. Auf Madeira kann man die Kulturform in vielen Gärten und an Straßenrändern entdecken. Als Gartenflüchtling ist sie auch an Levadas zu Hause, u. a. an der Levada da Serra do Faial zwischen Camacha und Achadinha.

Wollblütiger Nachtschatten *(Solanum mauritianum)* 17

Familie: *Nachtschattengewächse (Solanaceae)*
Portugiesischer Name: *tabaqueira*
Blütezeit: *Februar – Oktober*
Heimat: *Südamerika (Brasilien, Uruguay)*

Die aus Südamerika ursprünglich als Ziergewächs eingeführte Pflanze ist auf Madeira ebenso wie auf den Azoren eingebürgert. Wie viele Nachschattengewächse verbreitet sie sich stark.
Merkmale: Der Strauch wird 2–3 m hoch, mitunter wächst er zu einem Kleinbaum von 4 m und mehr aus. Die teils mehr als 30 cm langen ovalen Blätter sowie die verzweigten Stängel sind von einem filzigen Flaum überzogen. Auch der Blütenkelch ist behaart. Die hübschen blau-violetten Blüten ähneln denen der Kartoffel, ebenfalls ein Nachtschattengewächs. Die murmelgroßen gelben Beeren liegen dicht beieinander. Alle Pflanzenteile, besonders die Beeren, sind giftig.
Verbreitung: Der Wollblütige Nachtschatten ist heute in fast allen tropischen und subtropischen Regionen zu Hause, mancherorts wird er wegen seines invasiven Charakters bekämpft. Auf Madeira besetzt er schattige Standorte in Höhen von bis zu 700 m, oft in der Nähe von Siedlungen. Sehen kann man ihn etwa an der Levada dos Tornos im Vale Paraiso, an der Levada do Castelejo bei Cruz und an der Levada do Caniçal zwischen dem Caniçal-Tunnel und Maroços.

Engelstrompete *(Brugmansia versicolor)* 18

Familie: *Nachtschattengewächse (Solanaceae)*
Portugiesischer Name: *trombeteira*
Blütezeit: *ganzjährig*
Heimat: *Ecuador*

In freier Natur gilt das Nachtschattengewächs seit 2014 als ausgestorben – es kommt nur noch in Kultur vor. Auf Madeira zieren die fast ganzjährig blühenden Sträucher vielerorts Bauerngärten und Parks, ihre auffälligen Trompetenblüten sind bis zu 30 cm lang.
Merkmale: Der immergrüne Strauch erreicht eine Wuchshöhe von 3–4 m. Die gelblichen bis blass aprikosenfarbenen Trompetenblüten hängen kopfüber an langen Stielen von den Zweigen herab, typisch sind ihre 3–6 cm langen Saumspitzen. Engelstrompeten sind Verwandte des Stechapfels und genauso wie dieser hochgiftig, darin enthaltene Alkaloide wirken halluzinogen.
Verbreitung: Auf Madeira werden von dem Nachtschattengewächs vielerorts Hybriden als Gartenpflanze gezogen, in Mitteleuropa steht die Engelstrompete als Kübelpflanze in botanischen Gärten.

17

17

18

Garten-Hortensie *(Hydrangea macrophylla syn. H. hortensis)* 19

Familie: *Hortensiengewächse (Hydrangeaceae)*
Portugiesischer Name: *hortênsia*
Blütezeit: *Juni – September*
Heimat: *Ostasien (Japan)*

Ursprünglich in Japan beheimatet, begann man die Garten-Hortensie (auch Großblättrige Hortensie oder Bauern-Hortensie) ab 1790 zunächst in den botanischen Gärten Englands zu züchten; als Gartenpflanze wurde sie erst ab dem 20. Jahrhundert populär. Der heute überall in gemäßigten Zonen gezogene Zierstrauch benötigt relativ viel Feuchtigkeit, was auch im Gattungsnamen *Hydrangea* zum Ausdruck kommt (altgriechisch hydor = Wasser); auf Madeira findet man sie von daher nicht von ungefähr entlang von Levadas.

Merkmale: Der laubabwerfende Halbstrauch wird 1–2 m hoch und bildet mit seinem üppigen Blattwerk oft dichte Hecken. Die Blätter sind oval bis eiförmig mit kurzer Blattspitze, die Ränder sind scharf gezähnt. Der bis zu 20 cm große Schauapparat des Blütenstandes besteht aus vielen Einzelblüten mit je vier großen Kelchblättern. Das Spektrum der Blütenfarben reicht von himmelblau über violett bis zu pink und rosa, wobei die Farbe u. a. vom pH-Wert des Bodens abhängig ist. So hat man herausgefunden, dass ein saurer Boden zu einer blauen Blütenfarbe führt, ein alkalischer Boden dagegen zu einer roten.

Verbreitung: Die Hortensie ist auf den makaronesischen Inseln unterschiedlich stark präsent. Während sie auf den Kanaren und Kapverden relativ selten zu sehen ist, gehört sie auf Madeira und vor allem den Azoren zu den Charakterpflanzen. Auf Madeira wird sie allerorten kultiviert, bevorzugt in mittleren Höhenlagen zwischen 500 und 900 m; man sieht sie sehr häufig entlang von Landstraßen und Levadas, so etwa an der Levada do Caldeirão Verde zwischen Pico das Pedras und Queimadas und an der Levada Nova bei Prazeres (S. 27). Auf den Azoren wird die Hortensie vielerorts als Hecke zur Begrenzung von Wiesen gepflanzt; wild wachsend hat sie sich dort insbesondere auf den Inseln Terceira und Flores über weite Teile des Hochlandes ausgebreitet.

Ähnliche Arten: Ebenfalls auf Madeira zu Hause doch weitaus weniger verbreitet sind Teller-Hortensie *(H. serrata)* **19a** und Samt-Hortensie *(H. aspera)* **19b**. Ganz ähnliche Blüten wie die Garten-Hortensie bringt der im Winter blühende Hortensienbaum *(Dombeya wallichii)* **19c** hervor. Das aus Madagaskar stammende 6–8 m hohe Malvengewächs ist mit der Hortensie jedoch nicht verwandt.

Baumartige Aloe *(Aloe arborescens)* 20

Familie: *Grasbaumgewächse (Xanthorrhoeaceae)*
Portugiesischer Name: *aloe do natal*
Blütezeit: *Dezember – Februar*
Heimat: *südliches Afrika (Südafrika, Mosambik, Simbabwe)*

Die leuchtend orangeroten Blütenkerzen der Baumartigen Aloe machen schon von Weitem auf sich aufmerksam. Ihr Zuhause ist das südliche Afrika, wo sie felsiges Terrain bis in 2800 m Höhe besiedelt. Auf Madeira ziert das anspruchslose Gewächs oft Gärten und öffentliche Anlagen. Eine berühmte Verwandte ist die als Heilpflanze geschätzte Echte Aloe *(Aloe vera)*.

Merkmale: Die stark verzweigte sukkulente Pflanze erreicht eine Wuchshöhe von 0,5–3 m. Die Blattrosetten aus dickfleischigen, gezähnten, bis zu 60 cm

19

19

19a

19b

19c

20

langen Blättern können zu einem undurchdringlichen Busch anwachsen. Die orangerote Blütenkerze mit röhrenförmigen Blütenhüllen wird bis zu 40 cm lang.
Verbreitung: Ursprünglich als Zierpflanze nach Madeira eingeführt, gilt die Baumartige Aloe heute als eingebürgert und wächst oft verwildert. Sie reicht an der sonnenverwöhnten Südküste bis in Lagen von 600 m hinauf. Größere Bestände gibt es auch an der Ostküste nahe der Christusstatue von Garajau, wo sie steile Abhänge besiedelt.
Ähnliche Arten: Sehr ähnlich, doch im Wuchs nicht ganz so buschig und mit einer orange-gelben Blütenkerze, zeigt sich die ebenfalls aus Südafrika stammende *A. mutabilis* **20a**. In Gärten wird die seit alters her als Heilpflanze verwendete Echte Aloe *(A. vera)* **20b** gezogen. Auszüge aus der Pflanze werden als Zusatz in kosmetischen Pflegeprodukten verwendet.

Schopf-Fackellilie *(Kniphofia uvaria)* 21

Familie: *Grasbaumgewächse (Xanthorrhoeaceae)*
Portugiesischer Name: *foguete*
Blütezeit: *April – September*
Heimat: *Südafrika (Kap-Provinz)*

Zur Gattung der Fackellilien gehören rund 70 Arten, die meisten davon, so auch die Schopf-Fackellilie, sind in Südafrika beheimatet. In manchen Sprachen, u. a. auch im Portugiesischen, wird die Zierblume mit ihrem auffälligen Blütenschopf Raketenblume genannt.
Merkmale: Die Lilienart erreicht eine Wuchshöhe von 80–100 cm. Der traubige Blütenstand wird von zahlreichen röhrenförmigen Blüten gebildet; im oberen Teil der Blütenähre sind diese hellrot, nach unten hin gelb.
Verbreitung: Als Wildblume siedelt die Schopf-Fackellilie in der südafrikanischen Kap-Provinz von der Küste bis in Lagen von 1800 m. Als Zierpflanze in Wintergärten gezogen hat sie vor allem in England viele Liebhaber und Züchter, es gibt zahlreiche Hybriden. Auf Madeira sieht man sie in Gärten, verwildert ist sie bis auf etwa 800 m Höhe anzutreffen, u. a. entlang der Levada da Serra im Vale Paraiso.

Zigarettenblümchen *(Cuphea ignea)* 22

Familie: *Weiderichgewächse (Lythraceae)*
Portugiesischer Name: *flor-charuto, charuto mexicano*
Blütezeit: *März – November*
Heimat: *südliches Mexiko*

Von der roten Farbe einmal abgesehen sieht die Blütenform tatsächlich einer Zigarette ähnlich, selbst an den glimmenden weißen Aschenrand an der Spitze hat die Natur gedacht. Die Länge kommt allerdings nicht ganz hin. Auch für Nichtraucher ein toller Anblick!
Merkmale: Der weit verzweigte Strauch erreicht eine Wuchshöhe von 1,5 m. Seine feuerroten Röhrenblüten hängen in großer Zahl leicht nickend an rotbraunen Zweigen. Sie haben eine weiße »Mundöffnung« (innen ist die Röhre fast schwarz), aus der violette Staubfäden herausragen.
Verbreitung: Das Weiderichgewächs ziert auf Madeira Gärten und Parks, beispielsweise den Hotelpark der Quinta Splendida in Caniço und den Jardim Botânico Pequeno in Prazeres. In Mitteleuropa wird das Zigarettenblümchen als Topfpflanze gezogen, auch eine weiß blühende Sorte (›Alba‹) ist im Handel.

20a

20b

21

22

22

Hibiskus *(Hibiscus rosa-sinensis)* 23

Familie: *Malvengewächse (Malvaceae)*
Portugiesischer Name: *rosa da China*
Blütezeit: *ganzjährig*
Heimat: *vermutlich Südostasien*

Der dekorative Zierstrauch ist ein Weltbürger, der in allen tropischen und subtropischen Klimazonen zu Hause ist, in Malaysia und auf Hawaii ist er Nationalblume. Im Deutschen wird das Malvengewächs nach dem vermutlichen Heimatland auch Chinesischer Roseneibisch genannt. Etwas schade ist, dass sich Hibiskusblüten spätestens nach dem zweiten Tag zusammenrollen und welken, doch reichlich Nachschub macht dieses kleine Manko schnell wieder wett.

Merkmale: Der Strauch erreicht eine Wuchshöhe von 1–4 m, mitunter wächst er auch zu einem kleinen Bäumchen aus. Seine gestielten Blätter sind immergrün und an den Rändern gezähnt. Die im Durchmesser etwa 10–15 cm großen Trichterblüten bestehen aus fünf Kronblättern; gängige Blütenfarben sind je nach Varietät weiß, gelb, orange, rosa und rot, auch gibt es Sorten mit gefüllten Blüten. Typisch bei allen Sorten ist die weit aus dem Blütenkelch herausragende Staubblattsäule (Columna).

Verbreitung: Auf Madeira zählt der Hibiskus neben Strelitzie, Bougainvillea und Afrikanischer Schmucklilie zu den am meisten vertretenen Zierpflanzen. Man findet ihn in vielen Gärten und Hotelparks, ein stattlicher kleiner Baum steht im Parque de Santa Catarina in Funchal (S. 12).

Ähnliche Arten: Bei dem aus Ostafrika stammenden Koralleneibisch *(H. schizopetalus)* hängen die Blüten an einem langen, dünnen Stiel von den Zweigen herab; sehr markant sind die aus der Blüte hervorragenden mehr als 5 cm langen Staubgefäße.

Baumartige Beerenmalve *(Malvaviscus arboreus)* 24

Familie: *Malvengewächse (Malvaceae)*
Portugiesischer Name: *malvavisco, hibisco-colibri, malva-de-colibri*
Blütezeit: *ganzjährig*
Heimat: *Mexiko, USA (Texas, Lousiana)*

Die Beerenmalve ist eine nahe Verwandte des Hibiskus. Da sie ihre Blüte selten ganz preisgibt, ist sie allerdings lange nicht so verbreitet. Schön ist das Ziergewächs trotzdem! Die Bestäubung in den Heimatländern erfolgt durch Kolibris, von daher heißt das Malvengewächs im Portugiesischen Kolibri-Hibiskus oder Kolibri-Malve. Im Englischen wird es Schläfrige Malve (sleepy mallow) genannt. Wegen der Ähnlichkeit zum Hibiskus wird es mitunter auch als Falscher Hibiskus bezeichnet.

Merkmale: Der Strauch erreicht eine Wuchshöhe von bis zu 3 m. Seine herzförmigen Blätter sind an den Rändern leicht gezähnt. Die roten Blüten aus fünf eingerollten Kronblättern erwecken den Eindruck, als ob sie noch nicht ganz aufgegangen seien. Schon nach zwei bis drei Tage werden sie welk und fallen ab.

Verbreitung: Auf Madeira sieht man die Beerenmalve vornehmlich in Parks und Privatgärten.

Ähnliche Arten: Verwandt und mindestens genauso hübsch ist die Schönmalve *(Abutilon pictum)* **24a**; die auf Madeira mancherorts zu sehende Sorte ›Thompsonii‹ macht nicht nur durch ihre Glockenblüten auf sich aufmerksam, sondern auch durch die auffällig gesprenkelten Blätter.

23

23

23

24

24a

Weicher Akanthus *(Acanthus mollis)* 25

Familie: *Akanthusgewächse (Acanthaceae)*
Portugiesischer Name: *acanto, erva gigante*
Blütezeit: *Mai – Juli*
Heimat: *Mittelmeerraum*

Im Frühsommer lohnt ein Besuch in Palheiro Gardens (S. 14) nicht zuletzt wegen der prächtigen Akanthus-Wiese, über die man bis nach Funchal hinabschauen kann. Die vielerorts wild wachsende Art ähnelt ein bisschen dem Fingerhut und dem Eisenhut. Im deutschsprachigen Raum wird das dekorative Ziergewächs auch Wahrer Bärenklau genannt.

Merkmale: Die Staude wird 0,5–1,5 m hoch. Ihre grundständigen, gezähnten Blätter sind tief eingeschnitten. Die zylindrische Ähre kann über 1 m lang sein; die weißen Lippenblüten sind von feinen purpurnen Äderchen gezeichnet. In der Pflanzenheilkunde wird ein Umschlag aus zerkleinerten Blättern u.a. zur Wundheilung verordnet.

Verbreitung: Der Weiche Akanthus ist rund um das Mittelmeer verbreitet. Auf Madeira ziert der Gartenflüchtling so manchen Levadaweg, das Siedlungsgebiet reicht bis auf fast 1000 m hinauf.

Ähnliche Arten: Der Dornige Akanthus *(A. spinosus)* **25a** unterscheidet sich vom Weichen Akanthus durch seine dornigen Blätter. Die krautige Pflanze ist vornehmlich im östlichen Mittelmeerraum verbreitet und kommt auf Madeira nicht vor. Ihre Blätter werden vielfach als Vorlage für den ornamentalen Schmuck der korinthischen Säulenkapitelle angesehen.

Zimmerhopfen *(Justicia brandegeeana syn. Beloperone guttata)* 26

Familie: *Akanthusgewächse (Acanthaceae)*
Portugiesischer Name: *camarão-vermelho*
Blütezeit: *April – Oktober*
Heimat: *Mexiko*

Natürlich hält man im milden Klima Madeiras dieses hübsche Ziergewächs nicht im Wohnzimmer, sondern zeigt es im Garten. Blickfang sind die überhängenden Deckblätter der Ähre und die entfernt an Garnelen erinnernden Blüten – im Englischen wird die Pflanze daher treffend Garnelenblume (shrimp flower) genannt (portugiesischer Name: camarão = Shrimp/Krabbe, vermelho = rot). Da der Zimmerhopfen zum Bierbrauen nicht geeignet ist, heißt er im Englischen auch Falscher Hopfen. Der wissenschaftliche Name, er ehrt den amerikanischen Botaniker Townshend Stith Brandegee (1843–1925), wird fälschlicherweise sehr häufig nur mit einem »e« brandegeana geschrieben. Brandegee war eigentlich als Ingenieur im Eisenbahnbau tätig. In der zweiten Lebenshälfte ging er fast ausschließlich botanischen Studien nach und machte sich mit der Erforschung der Flora Kaliforniens und Mexikos einen Namen.

Merkmale: Der reich verzweigte Halbstrauch wird 70–100 cm hoch. Die Zweige sind mit endständigen, etwa 10 cm langen Ähren besetzt, diese haben dachziegelartig angeordnete, rotbraune Deckblätter. Die weiße Blüte ist etwa 3 cm lang, die untere Lippe hat im Schlund eine feine Zeichnung mit lilafarbenen Punkten.

Verbreitung: Der Zimmerhopfen ist in Nordmexiko zu Hause, im benachbarten Florida gilt er als eingebürgert. Auf Madeira wird das Ziergewächs in etlichen Gärten kultiviert, u.a. in Palheiro Gardens und dem Hotelgarten der Quinta Splendida in Caniço.

25

25a

26

26

Himmelsblume *(Thunbergia mysorensis)* 27

Familie: *Akanthusgewächse (Acanthaceae)*
Portugiesischer Name: *tumbérgia*
Blütezeit: *April – September*
Heimat: *Südindien*

Die Blüte dieser exotischen Kletterpflanze darf ohne Wenn und Aber spektakulär genannt werden. Auf Madeira zählt sie zu den Preziosen des Botanischen Gartens von Funchal.

Merkmale: Sofern die Himmelsblume eine Aufstiegshilfe vorfindet, kann der immergrüne Kletterer bis zu 6 m hoch werden. Die bis zu 60 cm lange hängende Blütentraube wird paarweise von Blüten besetzt. Diese sind zweifarbig und haben einen gelben Kelch, die Kronröhre ist rotbraun. Einmal geöffnet, hält sich die Blüte mehrere Wochen.

Verbreitung: Heimat ist der südindische Bundesstaat Mysore, die Himmelsblume steht dort im Halbschatten des Tropenwaldes.

Belladonnalilie *(Amaryllis belladonna)* 28

Familie: *Amaryllisgewächse (Amaryllidaceae)*
Portugiesischer Name: *beladona, açucena da serra*
Blütezeit: *September – November*
Heimat: *Südafrika (Kap-Provinz)*

Neben der Afrikanischen Schmucklilie (s. u.) kann Madeira mit einem weiteren prominenten Mitglied aus der großen Familie der Amaryllisgewächse (rund 1600 Arten) aufwarten. Wie so viele andere attraktive Zierblumen kam die Belladonnalilie von Südafrika als Gartenpflanze nach Madeira. Dort wird sie nach wie vor gehegt und gepflegt, mancherorts ist sie auch ausgewildert.

Merkmale: Aus der Zwiebel wächst im Herbst ein bis zu 60 cm langer aufrechter Stängel, an dem sich endständig bis zu einem Dutzend weißrosafarbene Trompetenblüten bilden. Alle Pflanzenteile, vor allem die Zwiebel, enthalten giftige Alkaloide.

Verbreitung: Am einfachsten kann man die Belladonnalilie im Botanischen Garten von Funchal bewundern, wo sie bereits im Sommer ihre Blüten zeigt. Verwildert findet man sie etwa an der Levada Nova bei Prazeres (S. 27). Die Zwiebeln werden in Blumen- und Souvenirgeschäften als Mitbringsel verkauft.

Ähnliche Arten: Als weiteres Amaryllisgewächs sieht man gelegentlich Hybriden des Rittersterns *(Hippeastrum* sp.*)* **28a**, manche davon werden bei uns zur Weihnachtszeit als Schnittblume angeboten.

Afrikanische Schmucklilie *(Agapanthus praecox* subsp. *A. orientalis)* 29

Familie: *Amaryllisgewächse (Amaryllidaceae)*
Portugiesischer Name: *agapantos, tuberosa-azul*
Blütezeit: *Mai – September*
Heimat: *südliches Afrika*

Die »schmucke Lilie« macht ihrem Namen alle Ehre, mit ihren hübschen blauen oder weißen Blütendolden gehört sie auf Madeira zu den am meisten präsenten Zierblumen. Dem Gattungsnamen entsprechend wird das Amaryl-

27

28

29

28a

29

lisgewächs gemeinhin Liebesblume genannt (griech. agape = Liebe, anthos = Blume).

Merkmale: Der meist blaue, seltener auch weiße Blütenstand sitzt am Ende von einem 50–100 cm hohen Stängel. Die schmalen immergrünen Blätter stehen dicht über der Erde. Die fast kugelförmigen Blütendolden bestehen aus 20–30 sternförmig angeordneten Einzelblüten.

Verbreitung: Die Afrikanische Schmucklilie ist auf Madeira die Levadablume schlechthin. Im Sommer säumen die Blüten mitunter kilometerlang die schmalen Wasserkanäle, so etwa an der Levada Nova bei Prazeres (S. 27). Mancherorts hat sich die Blume an Küstenhängen (S. 34) auch selbst ausgesät. In Mitteleuropa wird die Schmucklilie als Kübelpflanze immer beliebter, auch als Schnittblume wird sie angeboten.

Mittagsblume *(Lampranthus sp.)* 30

Familie: *Mittagsblumengewächse (Aizoaceae)*
Portugiesischer Name: *chorão*
Blütezeit: *April – Oktober*
Heimat: *südliches Afrika (Südafrika, Namibia)*

Unter dem Gattungsnamen *Lampranthus* werden mehr als 125 Arten zusammengefasst, sie sind alle an den Küsten im südlichen Afrika zu Hause. Der Name der Gattung ist dem Griechischen entlehnt und heißt wörtlich übersetzt »leuchtende Blüte«. Auf Madeira leuchtet besonders häufig die rosarot blühende *L. multiradiatus*.

Merkmale: Die kriechenden Sträucher werden 15–30 cm hoch, in der Breite können sie mit ihren verzweigten Stängeln und dickfleischigen Blättern großflächige Matten bilden. Voll aufgeblüht sieht man sie lediglich mittags.

Verbreitung: Mittagsblumen sind in den Gärten Madeiras ein sehr beliebter Bodendecker.

Ähnliche Arten: Neben *L. multiradiatus* sind auch die orangefarbene *L. aurantiacus* sowie die purpurrote *L. spectabilis* verbreitet. Ebenfalls oft zu sehen ist die gelb blühende Essbare Mittagsblume *(Carpobrotus edulis)*; eingebürgert sind Kristall-Mittagsblume (S. 60) und Knotenblütige Mittagsblume (S. 60).

Scharlach-Fuchsie *(Fuchsia magellanica)* 31

Familie: *Nachtkerzengewächse (Onagraceae)*
Portugiesischer Name: *fúcsia, brinco-de-princesa*
Blütezeit: *April – Oktober*
Heimat: *Südamerika (Peru, Feuerland)*

Das ursprünglich in den Anden verbreitete Nachtkerzengewächs wird wegen seiner hübschen Blüten weltweit kultiviert. Es ist Elternpflanze für eine Vielzahl von Züchtungen mit unterschiedlichen Formen und Farben.

Merkmale: Der Strauch wird bis zu 3 m hoch. Die Blüten mit ihren weit herausragenden Staubbeuteln hängen an langen Stielen kopfüber von den Zweigen herab. Sie haben weiße Kelchblätter, die Kronblätter variieren von rot bis purpurn.

Verbreitung: Die Pflanze reicht in ihrer südamerikanischen Heimat in Höhenlagen von bis zu 1700 m hinauf; sie ist winterhart und wird gerne auch in gemäßigten Klimazonen im Freiland kultiviert, in Nordeuropa (Irland, Schottland) schätzt man sie als Heckenpflanze. Auf Madeira steht sie vielerorts in Hausgärten.

30

31

31

Bolivianische Fuchsie *(Fuchsia boliviana)* 32

Familie: *Nachtkerzengewächse (Onagraceae)*
Portugiesischer Name: *fúcsia*
Blütezeit: *März – November*
Heimat: *Bolivien*

Alexander von Humboldt bewunderte auf seiner berühmten Südamerikareise (1799–1804) als einer der ersten Europäer dieses attraktive Nachtkerzengewächs – dessen rot leuchtende Hängeblüten begleiteten den Forscher während seines Aufstiegs zum Vulkan Chimborazo bis in Höhenlagen von 3000 m hinauf. Die Gattung trägt den Namen des schwäbischen Arztes und Botanikers Leonhart Fuchs (1501–1566), der sich neben seiner Medizin-Professur an der Universität Tübingen auch botanischen Studien widmete, einen Heilpflanzengarten anlegte und 1542 eines der ersten Kräuterbücher veröffentlichte.

Merkmale: Der Strauch erreicht eine Wuchshöhe von 3–5 m. Seine Laubblätter sitzen kurzgestielt wechselständig am Zweig. Die korallenroten Blüten, sie werden bis zu 18 cm lang, hängen in Trauben kopfüber von den Zweigen herab.

Verbreitung: Die Fuchsien-Art gilt auf Madeira als eingebürgert. Auf der Nordseite der Insel wuchert sie an schattigen und feuchten Standorten vielerorts wild, etwa in der Region von Boaventura.

Ähnliche Arten: Ebenfalls verwildert kommt die Mexikanische Baumfuchsie *(F. arborescens)* **32a** auf Madeira vor. Man findet den bis zu 5 m hohen Strauch an manchen Levadas, u. a. an der Levada dos Tornos (S. 22). Diese Art zeigt ihre hübschen pinkfarbenen Blüten vornehmlich im Mai/Juni.

Bougainvillea *(Bougainvillea glabra)* 33

Familie: *Wunderblumengewächse (Nyctaginaceae)*
Portugiesischer Name: *buganvília*
Blütezeit: *ganzjährig*
Heimat: *Südamerika (Brasilien)*

Ein Kosmopolit wie die Bougainvillea darf natürlich auf der Blumeninsel nicht fehlen. Mit ihrer Farbenpracht rankt das tropische Gewächs ganzjährig allerorten über Mauern und Pergolen. Für das Farbspektakel sorgen nicht die Blüten, diese sind winzig und weiß, sondern die Hochblätter. Der Gattungsname ehrt den französischen Seefahrer Antoine de Bougainville (1729–1811). Auf seiner dreijährigen Weltumsegelung (1766–1769) begleitete ihn der Botaniker Philibert Commerson (1727–1773), der die von ihm aufgestellte Gattung Bougainvillea seinem Reisegefährten widmete.

Merkmale: Der kletternde Strauch kann an einer Aufstiegshilfe bis zu 10 m hoch werden. Die elliptischen Blätter der immergrünen Pflanze sind an der Oberseite schwach behaart, in den Blattachseln können sich kleine Dornen bilden. Cremeweiße kleine Röhrenblüten stehen in der Regel zu dritt eng zusammen und werden von Hochblättern umgeben, die sich je nach Sorte cremeweiß, orange, karminrot oder lila präsentieren. Die auffällig gefärbten Hochblätter haben, wie auch beim Weihnachtsstern, die Funktion, Bestäuber anzulocken. Ältere Pflanzen bilden dick verholzte Stämme aus.

Verbreitung: Die Bougainvillea ist eines der auf Madeira am häufigsten zu sehenden Tropengewächse. Sie steht in vielen Hotelparks und sorgt in öffentlichen Grünanlagen und Gärten für spektakuläre Farbtupfer.

32

32a

33

33

33

Goldtrompete *(Allamanda cathartica)* 34

Familie: *Hundsgiftgewächse (Apocynaceae)*
Portugiesischer Name: *alamanda-amarela*
Blütezeit: *Juni – Oktober*
Heimat: *Amazonasbecken*

Schön, aber giftig! So könnte man kurz und knapp das Hundsgiftgewächs charakterisieren. Ungeachtet der Giftigkeit ist es mit seinen attraktiven Glockenblüten ein beliebtes Ziergewächs, von dem es auch etliche Züchtungen gibt.

Merkmale: Der immergrüne Kletterstrauch erreicht eine Wuchshöhe von 2–4 m. Die goldgelben Trompetenblüten stehen gestielt an den dicht belaubten Zweigen. Der Blütenkelch weist eine feine dunkelgelbe Strichzeichnung auf. Alle Pflanzenteile sind giftig.

Verbreitung: Die Goldtrompete ist in den tropischen Regenwäldern Süd- und Mittelamerikas weit verbreitet. Auf Madeira sieht man sie an Straßenrändern und in öffentlichen Parkanlagen.

Oleander *(Nerium oleander)* 35

Familie: *Hundsgiftgewächse (Apocynaceae)*
Portugiesischer Name: *loendro, cevadilha*
Blütezeit: *März – August*
Heimat: *Mittelmeerraum bis China*

Der auch Rosenlorbeer genannte Zierstrauch ist ein Klassiker der mediterranen Flora. Er zählt weltweit zu den am meisten kultivierten Zierpflanzen überhaupt und fehlt auch auf Madeira nicht.

Merkmale: Das immergrüne Hartlaubgewächs wird 1–4 m hoch und kann mit Seitentrieben mehrere Meter in die Breite gehen. Die lanzettlichen Blätter enthalten wie auch die anderen Pflanzenteile giftige Glykoside – in hohen Dosen eingenommen können diese Herzstillstand hervorrufen. Es gibt leuchtend rote, rosafarbene und weißblühende Sorten, alle duften intensiv.

Verbreitung: Auf Madeira steht der Oleander kultiviert vielerorts am Straßenrand und in Hotelgärten.

Afrikanisches Löwenohr *(Leonotis leonurus)* 36

Familie: *Lippenblütler (Lamiaceae)*
Portugiesischer Name: *rabos de leão*
Blütezeit: *Mai – September*
Heimat: *südliches Afrika*

Ob die in Afrika beheimate Zierpflanze tatsächlich einem Löwenohr ähnelt, sei dahingestellt. Mit etwas Fantasie erinnern ihre hübschen Blütenstände entfernt zumindest an den Schweif des Königs der Savanne, im Portugiesischen wird das Löwenohr von daher Löwenschwanz genannt. Eine Zierde ist die Gartenblume auf jeden Fall.

Merkmal: Der immergrüne Strauch wird 0,5–1,5 m hoch. Die Blütenstände sind etagenweise am aufrechten Stängel angeordnet, die orangeroten Röhrenblüten leicht behaart und aromatisch duftend.

Verbreitung: Das Schmuckgewächs steht auf Madeira bevorzugt an sonnigen Standorten an der Südküste bis in Lagen von 400 m. Es ziert viele Parks und Gärten, u.a. kann man es vor der Kapelle Espírito Santo in Lombada da Ponta do Sol sehen.

34

35

35

35

36

Samt-Salbei *(Salvia leucantha)* 37

Familie: *Lippenblütler (Lamiaceae)*
Portugiesischer Name: *sálvia branca*
Blütezeit: *Februar – August*
Heimat: *Mexiko*

Mit rund 900 Arten gehört der Salbei zu einer der artenreichsten Gattungen. Ihre Vertreter sind fast über die ganze Welt verbreitet. In Europa ist der Echte Salbei *(S. officinalis)* am bekanntesten, eine schon seit dem Altertum hochgeschätzte Heilpflanze. Viele Arten werden als Zierpflanze gezogen; auf Madeira viel zu sehen ist der aus Mexiko stammende Samt-Salbei. Wegen seiner weißen Kronblätter nennt man ihn vor Ort Weißen Salbei.

Merkmale: Der immergrüne Halbstrauch wird 0,8–1,5 m hoch. Die Wuchsform ähnelt dem des Echten Salbeis, die attraktiven Blütenstände können mehr als einen halben Meter lang werden. Die zweifarbigen Blüten setzen sich aus einem rosa bis dunkelvioletten Kelch und weißen Kronblättern zusammen. Die ganze Blüte ist von wolligen Härchen überzogen.

Verbreitung: Auf Madeira sieht man das dekorative Ziergewächs in Parks und Hausgärten, mancherorts wächst es verwildert an Wegrändern.

Ähnliche Arten: Ein weiterer Vertreter aus der Gattung Salbei ist der Feuersalbei *(S. splendens)* **37a**. Die aus Brasilien stammende Art blüht rot und kann u. a. im Botanischen Garten Funchal bewundert werden.

Königs-Strelitzie *(Strelitzia reginae)* 38

Familie: *Strelitziengewächse (Strelitziaceae)*
Portugiesischer Name: *estrelícia, ave-do-paraíso*
Blütezeit: *ganzjährig*
Heimat: *Südafrika (Kap-Region)*

Paradiesvogelblume ist einer der deutschen Namen für dieses exotische Gewächs – die Blüte ähnelt einem Vogelkopf mit geöffnetem Schnabel. Strelitzien blühen auf Madeira fast an jeder Ecke, und das so gut wie das ganze Jahr. Obschon die Zierblume ursprünglich nicht auf der Insel heimisch war, gehört sie zu den botanischen Aushängeschildern, vielfach wird sie als die »Nationalblume« Madeiras angesehen. Der Gattungsname ehrt Prinzessin Sophie Charlotte von Mecklenburg-Strelitz (1744–1818).

Merkmale: Die immergrüne krautige Pflanze wird 0,8–1,3 m hoch. Ihre bis zu 1,20 m langen Laubblätter lassen eine Verwandtschaft zur Banane erkennen. Spektakulär ist der etwa 25 cm lange Blütenstand. Er besteht aus einem purpurfarbenen, berandeten, pfeilförmigen Hochblatt (Spatha), auf dem pro Blüte mehrere orangefarbene Blütenhüllblätter und ein ebenfalls pfeilförmiges kobaltblaues Halbblatt stehen.

Verbreitung: In ihrer Heimat Südafrika wächst die Strelitzie in großen Beständen wild an Flussufern und in Küstennähe. Auf Madeira sieht man sie sehr häufig in Hotelgärten, auf öffentlichen Plätzen und praktisch in jedem botanischen Garten. In kleinen Plantagen wird sie zudem für den Export angebaut.

Ähnliche Arten: Verwandt sind die ebenfalls auf Madeira zu findende Weiße Strelitzie *(S. alba)* und die Baum-Strelitzie *(S. nicolai)*; letztere wird an optimalen Standorten mehr als 10 m hoch. Beide Arten zeichnen sich durch weiße Blüten aus. Auch sieht man den Baum der Reisenden *(Ravenala madagascariensis)*, ein ebenfalls bis zu 10 m hohes Strelitziengewächs.

37

37

37a

38

38

Schlangen-Fetthenne *(Sedum morganianum)* 39

Familie: *Dickblattgewächse (Crassulaceae)*
Portugiesischer Name: *rabo-de-burro*
Blütezeit: *Juli – September*
Heimat: *Mittelamerika (Südmexiko, Honduras)*

Ohne ein Tier im Namen zu führen, geht es bei diesem sukkulenten Gewächs anscheinend nicht: Affenschaukel wird die Schlangen-Fetthenne mitunter genannt, im Portugiesischen heißt sie Eselschwanz. Obschon es das milde Klima erlauben würde, pflanzt man diese Art auf Madeira nicht im Garten, sondern hält sie als Topfpflanze auf dem Balkon oder an der Hauswand, sodass die fleischigen Blätter schön herabbaumeln können.

Merkmale: Die dickfleischigen Blättchen von etwa 1–2 cm Länge sind von graugrüner Farbe und leicht sichelförmig gebogen. Sie stehen ungestielt und dicht gedrängt an den Trieben und hängen in bis zu fast 1 m langen Trauben nach unten. Am Ende der Triebe öffnen sich rosa- bis purpurrote kleine sternförmige Blüten.

Verbreitung: Die Schlangen-Fetthenne ist auf Madeira genauso wie auf den Kanarischen Inseln eine Zierde für Haus und Hof. Als anspruchslose Zimmerpflanze findet man sie neuerdings auch im Angebot von mitteleuropäischen Gärtnereien.

Königs-Protea *(Protea cynaroides)* 40

Familie: *Silberbaumgewächse (Proteaceae)*
Portugiesischer Name: *proteia real*
Blütezeit: *ganzjährig*
Heimat: *Südafrika (Kap-Region)*

Von der artenreichen Flora an der Südspitze des afrikanischen Kontinents hat es das auch Zuckerbusch oder Kaprose genannte Silberbaumgewächs bis ganz nach oben geschafft – die Königs-Protea ist die Wappenblume der Republik Südafrika. Ihr imposanter Blütenkopf begeistert heute Blumenfreunde in der ganzen Welt.

Merkmale: Der immergrüne Strauch wird auf Madeira etwa 50–100 cm hoch, in seiner südafrikanischen Heimat bis zu 2 m. Wild wachsend reicht er dort von der Küste bis auf über 2000 m hinauf. Die ledrig-harten Blätter werden von einem roten Rand eingefasst. Spitz zulaufende lachsrosafarbene Hochblätter umhüllen die im Durchmesser 25–30 cm große Blüte.

Verbreitung: Auf Madeira ziert die Königs-Protea Hausgärten und botanische Parks, u. a. Palheiro Gardens. In Gärtnereien wird sie in großem Stil kultiviert und als Schnittblume exportiert.

Nadelkissen-Protea *(Leucospermum cordifolium)* 41

Familie: *Silberbaumgewächse (Proteaceae)*
Portugiesischer Name: *almofada-de-alfinetes*
Blütezeit: *ganzjährig*
Heimat: *Südafrika (Fynbos)*

Die Gattung *Leucospermum* umfasst rund 50 Arten plus zahlreiche Varietäten. Die bekannteste davon ist die Nadelkissen-Protea, sie verdankt ihren Namen den wie zu einem Nadelkissen angeordneten Staubfäden.

39

40

40

41

41

Merkmale: Der immergrüne Strauch wird 0,5–2 m hoch. Die ledrigen Blätter sind am oberen Ende je nach Varietät stumpf oder gesägt. Blickfang der halbkugeligen Blütenstände sind die leicht gebogenen orangefarbenen bis goldgelben Staubfäden, die in großer Zahl weit aus den Blütenköpfchen herausschauen.

Verbreitung: Auf Madeira ist die Nadelkissen-Protea eine populäre Gartenpflanze. Größere Sammlungen gibt es u. a. in Palheiro Gardens und Monte Palace Tropical Garden, darüber hinaus steht sie oft in Hausgärten. Kultiviert und exportiert werden u. a. die Sorten ›Ayoba Sun‹ und ›Soleil‹.

Große Flamingoblume *(Anthurium andraeanum)* 42

Familie: *Aronstabgewächse (Araceae)*
Portugiesischer Name: *antúrio*
Blütezeit: *ganzjährig*
Heimat: *Kolumbien*

Von den rund 1000 Aronstabgewächsen ist die Große Flamingoblume wohl am bekanntesten. Ihr glänzendes Hochblatt sieht aus, als ob es von einer Lackschicht überzogen wäre. Klassisch ist es leuchtend rot, zunehmender Beliebtheit erfreut sich die Sorte mit weißem Hochblatt.

Merkmale: Die immergrüne krautige Staude wird bis zu 1 m hoch. Aus dem eingeschnittenen Hochblatt (Spatha) ragt ein 9–12 cm langer leicht überhängender Blütenkolben heraus, der mit winzigen weißen Blüten besetzt ist. Alle Pflanzenteile sind giftig.

Verbreitung: Die in Mitteleuropa beliebte Zimmerpflanze ist auf Madeira oft in Gärten zu sehen, für lokale Blumenmärkte wird sie auch gewerbsmäßig angebaut. Es gibt mittlerweile unzählige Sorten, die im Wuchs kompakter und farbintensiver als die Wildform sind.

Ähnliche Arten: Die ebenfalls auf Madeira vorkommende Kleine Flamingoblume *(A. scherzerianum)* hat etwas länglichere Blätter, das Hochblatt ist nicht eingeschnitten. Sie wird nur halb so große wie die Große Flamingoblume.

Köstliches Fensterblatt *(Monstera deliciosa)* 43

Familie: *Aronstabgewächse (Araceae)*
Portugiesischer Name: *costela-de-adão*
Blütezeit: *April – September*
Heimat: *Mexiko, Guatemala, Costa Rica u. a.*

Das Fensterblatt punktet mit üppigem Blattwerk und mit einer extravaganten Blüte, mit der es sich zugleich als ein Mitglied der Aronstabgewächse zu erkennen gibt. Es ist in erster Linie ein Ziergewächs, doch die großen Fruchtkolben werden auf Madeiras Märkten auch als Lebensmittel angeboten.

Merkmale: Die immergrüne Kletterpflanze erreicht an Aufstiegshilfen bis zu 10 m. Ihre tief eingeschnittenen Blätter sitzen an einem langen Stiel, sie erreichen einen Durchmesser von bis zu 70 cm. Die Pflanze wächst in freier Natur im Schatten und kann durch die großen Blätter viel Licht aufnehmen. Typisch sind die kleinen Löcher im Blatt, die dazu dienen, dass auch darunter liegende Blätter Licht bekommen. Von dem eingeschnittenen Blatt hat jeder Lappen eine kleine Träufelspitze, die dafür sorgt, dass Regenwasser schnell abgeleitet wird. Die winzigen Blüten sitzen zahlreich an einem Blütenschaft, der von einem cremeweißen Hüllblatt (Spatha) umschlossen wird.

41

42

42

43

43

Verbreitung: In Mitteleuropa wird das Fensterblatt schon seit dem 19. Jahrhundert als Zimmerpflanze kultiviert. Auf Madeira klettert die Pflanze im Freien vielerorts Hauswände und Baumstämme hinauf, Luftwurzeln geben ihr dabei Halt. Ansehnliche Exemplare gibt es im Botanischen Garten von Funchal und im Hotelpark der Quinta Splendida in Caniço.

Helikonie *(Heliconia sp.)* 44

Familie: *Helikoniengewächse (Heliconiaceae)*
Portugiesischer Name: *bananeira do mato*
Blütezeit: *ganzjährig*
Heimat: *Karibische Inseln, Amazonasbecken*

Die Familie der Helikoniengewächse wartet mit einigen der spektakulärsten tropischen Ziergewächse auf. Ihr bizarres Erscheinungsbild hat der Helikonie Namen wie Hummerschere und Falsche Paradiesvogelblume eingebracht. In ihrer Heimat werden die Helikonien von Kolibris und Flughunden bestäubt.

Merkmale: Die immergrüne Staude wird 1,5–4 m hoch. Ihre langen Blätter sehen wie Bananenblätter aus und auch der unverzweigte Scheinstamm erinnert an eine Bananenstaude. Sehr attraktiv sind die wie Schiffchen aussehenden gelbroten Hochblätter (Brakteen). Wie so oft in der Pflanzenwelt hat die auffällige Farbe die Funktion, Bestäuber anzulocken. Die Hochblätter stehen wechselständig an einem bis zu einem halben Meter hohen Blütenstand; die grün-gelblichen winzigen Blüten sind dagegen eher unscheinbar.

Verbreitung: Auf Madeira ist die Helikonie eine Zierde der botanischen Gärten (u. a. in Funchal); sie wird auch kultiviert und in Blumengeschäften angeboten.

Rutenförmiger Zylinderputzer *(Melaleuca viminalis* syn. *Callistemon viminalis)* 45

Familie: *Myrtengewächse (Myrtaceae)*
Portugiesischer Name: *calistemo, escova-de-garrafa*
Blütezeit: *Februar – August*
Heimat: *Australien*

Der Name könnte nicht treffender sein – der karminrote Blütenstand sieht tatsächlich wie ein Flaschen- oder Pfeifenputzer aus. Wegen seiner herabhängenden Zweige wird der Strauch mitunter auch Trauer-Zylinderputzer genannt.

Merkmale: Der stark verzweigte Strauch wird 2–5 m hoch. Seine ledrigen, schmalen Blätter ähneln Tannennadeln. Die winzigen Blüten mit den weit herausragenden roten Staubbeuteln sitzen dicht gedrängt an den zylindrischen Blütenständen.

Verbreitung: Zylinderputzer sind heute in allen tropischen und subtropischen Klimazonen zu Hause. Auf Madeira stehen sie häufig in Parks und Gärten, u. a. im Jardim Municipal in Funchal.

Ähnliche Arten: Ebenfalls auf Madeira zu sehen ist der Starre Zylinderputzer *(M. linearis* syn. *Callistemon rigidus)*. Mit einer Wuchshöhe von maximal 3 m fällt dieser Strauch etwas kleiner aus als *M. viminalis*; die ebenfalls zylindrischen Blütenstände ähneln sich stark. Nicht enger verwandt, doch sozusagen ein Zylinderputzer in gelb-grün, ist *Paraserianthes lophantha* syn. *Albizia l.* **45a**. Die ebenfalls in Australien beheimatete und auch auf Madeira vorkommende Art wird auch Gelbe Seidenakazie genannt (Blüte Oktober – Januar).

44

45

45a

45

Weihnachtsstern *(Euphorbia pulcherrima)* 46

Familie: *Wolfsmilchgewächse (Euphorbiaceae)*
Portugiesischer Name: *manhãs-de-páscoa*
Blütezeit: *Oktober – Februar*
Heimat: *Mexiko, Guatemala*

Pünktlich zum Fest blühen auf Madeira die Weihnachtssterne. Anders als in Mitteleuropa, wo diese als Zimmerpflanze kaum über einen halben Meter hinauskommen, stehen sie auf der Blumeninsel mitunter baumhoch am Straßenrand.
Merkmale: Der verzweigte Strauch mit verholztem Stamm wird auf Madeira 1,5–3 m hoch. Seine lanzettlichen dunkelgrünen Blätter sind bis zu 16 cm lang. Die je nach Sorte unterschiedlich gefärbten, bis zu 15 cm langen Hochblätter werden oft als Teil der Blüte angesehen, die eigentlichen Blüten (es handelt sich um Scheinblüten) sind jedoch sehr klein und eher unspektakulär. Außer dem klassischen Scharlachrot gibt es auch Sorten mit cremeweißen, gelblichen und rosa Hochblättern. Nach der Blüte wirft der Strauch die Hochblätter ab und wird dann meist stark zurückgeschnitten. Wie alle Wolfsmilchgewächse enthält auch der Weihnachtsstern einen giftigen Milchsaft.
Verbreitung: Alexander von Humboldt war es, der den Weihnachtsstern 1804 von seiner Amerikareise nach Europa brachte. Er ist heute weltweit verbreitet, wenn nicht im Freiland, dann zumindest als Topfpflanze. Im Winter gehören auf Madeira die roten Hochblätter der Weihnachtssterne zum Straßenbild.

Wunderstrauch *(Codiaeum variegatum)* 47

Familie: *Wolfsmilchgewächse (Euphorbiaceae)*
Portugiesischer Name: *croto*
Blütezeit: *ganzjährig*
Heimat: *Südostasien (Molukken)*

Das Wunder an diesem dekorativen Ziergewächs ist zweifelsohne sein buntes Laub. An lichtexponierten Standorten leuchten die in verschiedenen Rot- und Grüntönen gefärbten Blätter besonders intensiv.
Merkmale: Der immergrüne Strauch wird 3–6 m hoch. In den stark geaderten Blättern finden sich verschiedene Farbpigmente, sie variieren von gelb bis dunkelrot, bei der Wildform sind sie grün. Die meist weiß-gelblichen kleinen Blüten hängen in Ähren herab. Der farblose Milchsaft in Blättern und Stängeln ist giftig.
Verbreitung: Die in Mitteleuropa beliebte Topf- und Kübelpflanze ziert auf Madeira öffentliche Parks und Hotelgärten.

Christusdorn *(Euphorbia milii)* 48

Familie: *Wolfsmilchgewächse (Euphorbiaceae)*
Portugiesischer Name: *coroa-de-cristo*
Blütezeit: *ganzjährig*
Heimat: *Madagaskar*

Die Dornenkrone Christi bestand mit Sicherheit nicht aus diesem Wolfsmilchgewächs – es ist noch keine 200 Jahre in Europa bzw. dem Nahen Osten bekannt. Die ersten drei Exemplare sollen 1821 von dem französischen Gouverneur der Insel La Réunion, Pierre Bernhard Milius (1773–1829), an den Botanischen Garten

46

46

47

48

von Bordeaux geschickt worden sein.
Merkmale: Der sukkulente Strauch wird bis zu 1,5 m hoch. Die schlangenförmig gebogenen Sprosse sind stark mit bis zu 3 cm langen Dornen besetzt. Um Pflanzenfresser abzuwehren, sitzen sie genau an den Blattansätzen. Während sich an der Spitze der Sprosse neue Blätter bilden, fallen ältere Blätter am unteren Teil ab und lassen so einen bedornten Spross zurück. Die Scheinblüten sind recht unauffällig, Hingucker sind vielmehr die je nach Varietät roten oder cremefarbenen Hochblätter. Der in den Zweigen enthaltene Milchsaft ist giftig.
Verbreitung: Wild wachsend kommt der Christusdorn in verschiedenen Varietäten nur in Madagaskar vor. Auf Madeira steht das anspruchslose Gewächs in vielen Hausgärten; in Mitteleuropa ist es als Topfpflanze beliebt.

Buntlaubiges Kupferblatt *(Acalypha wilkesiana)* 49

Familie: *Wolfsmilchgewächse (Euphorbiaceae)*
Portugiesischer Name: *acálifa, croton, flamengueira*
Blütezeit: *April – August*
Heimat: *Pazifische Inseln (Fidschi)*

Trivialnamen sind Paradiesnessel, Nesselschön und Nesselblatt, obschon die Pflanze keine Nessel, sondern ein Wolfsmilchgewächs ist. Den Zierstrauch kultiviert man wegen seinem kupferfarbenen Blattwerk, die Blüten sind eigentlich kaum der Rede wert.
Merkmale: Der immergrüne Strauch wird 1,5–2 m hoch. Seine leicht gesägten, bis zu 20 cm langen Blätter variieren je nach Sorte von kupfergrün bis purpurn; ausgesprochen dekorativ ist die rote Umrandung. Die schlichten Blüten hängen an kleinen Ähren, oft verbergen sie sich hinter den Laubblättern.
Verbreitung: Wild kommt das Kupferblatt in der Strauchschicht im tropischen Regenwald vor. Auf Madeira steht der dicht belaubte Strauch in Hausgärten, Hotelparks und an Uferpromenaden; mancherorts wird er als Hecke gepflanzt. Ein schönes Exemplar kann man auf der Aussichtsterrasse im Parque de Santa Catarina (S. 12) bewundern. In Mitteleuropa wird das Kupferblatt in Gewächshäusern von botanischen Gärten gezogen.

Prinzessinnenblume *(Tibouchina urvilleana)* 50

Familie: *Schwarzmundgewächse (Melastomataceae)*
Portugiesischer Name: *aranhas*
Blütezeit: *ganzjährig (Hauptblüte Mai – Dezember)*
Heimat: *Brasilien*

Die dekorative Zierpflanze macht durch ihre leuchtend purpurfarbenen Blüten auf sich aufmerksam. Sie zählt zu den Schwarzmundgewächsen, zu denen auch einige Arten mit essbaren Beeren gehören – nach dem Genuss färben sich Zunge und Rachenraum schwarz. Die Kapselfrüchte der Prinzessinnenblume sind jedoch ungenießbar.
Merkmale: Der immergrüne Strauch erreicht eine Wuchshöhe von 1–2,5 m. Die Blüte besteht aus fünf purpurfarbenen Kronblättern, ihre fast schwarzen Staubbeutel sind hakenförmig gekrümmt. Sollte die Pflanze gerade einmal nicht blühen, kann man sie auch sehr gut an ihren schön geaderten Blättern erkennen.
Verbreitung: Auf Madeira steht das Ziergewächs in Parks und Privatgärten.

48

49

49

50

50

Indisches Blumenrohr *(Canna indica)* 51

Familie: *Blumenrohrgewächse (Cannaceae)*
Portugiesischer Name: *cana-da-Índia*
Blütezeit: *fast ganzjährig*
Heimat: *Karibik (Antillen u. a.), tropisches Südamerika*

Das Blumenrohr gehört zweifelsohne zu den »Lieblingskindern« der Blumenzüchter – es gibt davon rund 1000 Sorten. Die Zierpflanze kam bereits um 1570 nach Europa, nicht jedoch, wie der Name suggeriert, aus Indien, sondern von den Westindischen Inseln.

Merkmale: Die ausdauernde Staude erreicht eine Wuchshöhe von 0,8–1,5 m. Die bis zu 60 cm langen Blätter sitzen an unverzweigten aufrechten Stängeln. Die Blütenfarbe des »echten« Blumenrohrs war ursprünglich rot, heute gibt es daneben unzählige Sorten in gelb, orange und anderen Farben, manche haben an den Innenseite der Blütenblätter hübsche Zeichnungen.

Verbreitung: Das Blumenrohr ist heute weltweit als Zierpflanze geschätzt, in lateinamerikanischen Ländern werden die stärkehaltigen Rhizome auch als Nahrungsmittel verwendet. Auf Madeira sieht man es in Parks und Gärten, etliche Sorten stehen in Palheiro Gardens.

Gemeiner Schneeball *(Viburnum opulus* var. *roseum)* 52

Familie: *Moschuskrautgewächse (Adoxaceae)*
Portugiesischer Name: *viburno, noveleiro*
Blütezeit: *April – Juni*
Heimat: *Europa*

Schneebälle gibt es auf Madeira relativ wenig. Doch zur Blüte im Frühjahr sind deren kugelrunde Blütenstände schon von Weitem auszumachen. Der mitunter baumhohe Strauch wird auch Gewöhnlicher Schneeball oder Echter Schneeball genannt.

Merkmale: Der winterharte Strauch erreicht eine Wuchshöhe von bis zu 6 m, auf Madeira wird er meist zwischen 1,5 und 3 m hoch. Als Ziergehölz wird meist die Varietät ›roseum‹ gepflanzt. Bei dieser hängen die prächtigen Blütenstände an kurzen Stielen an den Zweigen. Die Blütenstände bestehen aus weißen Einzelblüten, die zu einem faustgroßen Ball angeordnet sind (»Schneebälle«). Die in der Regel dreilappigen Laubblätter sind unregelmäßig gezähnt. Im Herbst trägt der Strauch beerenähnliche rote Steinfrüchte, diese sind leicht giftig.

Verbreitung: Die Gattung der Schneebälle ist in weiten Teilen Europas und Westasiens zu Hause. Auf Madeira trifft man das Ziergehölz in Parks und Hausgärten in Höhenlagen von 400–1000 m an, ein schönes Exemplar steht z. B. im Park von Pico das Pedras (S. 20).

Russelie *(Russelia equisetiformis)* 53

Familie: *Wegerichgewächse (Plantaginaceae)*
Portugiesischer Name: *lágrimas de amor*
Blütezeit: *ganzjährig*
Heimat: *Mittelamerika (Mexiko), Kolumbien, Peru*

Liebestränen heißt der prächtige Zierstrauch im Portugiesischen. Mit seinen rutenförmigen Zweigen ähnelt er ein bisschen dem Ginster, doch er blüht nicht gelb, sondern scharlachrot. Das Tropengewächs wurde erstmalig 1831

51

52

52

53

von dem deutschen Dichter und Naturforscher Adelbert von Chamisso (1781–1838) beschrieben. Im Deutschen wird es auch Springbrunnenpflanze genannt.

Merkmale: Der dicht verzweigte Strauch erreicht eine Wuchshöhe von 1–1,5 m. Seine überhängenden Zweige mit kaum ausgebildeten Blättern sind ganzjährig mit Hunderten, etwa 3 cm langen, roten Röhrenblüten besetzt.

Verbreitung: Auf Madeira sieht man das Tropengewächs in den Parks von Funchal und manchen Privatgärten. Angesichts der Blütenfülle wird es in gemäßigten Breiten als attraktive Kübelpflanze geschätzt, es gibt auch rosa- und weißblühende Züchtungen.

Strauchveronika *(Veronica speciosa* syn. *Hebe speciosa)* 54

Familie: *Wegerichgewächse (Plantaginaceae)*
Portugiesischer Name: *verõnica, hebe*
Blütezeit: *ganzjährig*
Heimat: *Neuseeland*

Mit ihrem zauberhaften Blütenstand ist die Strauchveronika ganz sicher eines der auffälligsten Ziergewächse. Schön ist auch, dass man sie auf Madeira mitten im europäischen Winter bewundern kann. Nicht von ungefähr trägt sie den Artbeinamen *speciosa* (wunderschön). Veronica heißt der in Neuseeland beheimatete Strauch deshalb, weil er zur Gattung Ehrenpreis *(Veronica)* gehört.

Merkmale: Der immergrüne Strauch wird 1–2 m hoch. Der Blütenstand von bis zu 8 cm Länge ähnelt dem des Zylinderputzers (S. 190). Er trägt jedoch keine roten, sondern weiße bis pinkfarbene kleine Trichterblüten, aus denen zahlreiche Staubfäden herausragen.

Verbreitung: In Madeira findet man die Strauchveronika u.a. im Botanischen Garten Funchal und im öffentlichen Hotelgarten der Quinta Splendida in Caniço.

Inkalilie *(Alstroemeria* hybrid) 55

Familie: *Inkaliliengewächse (Alstroemeriaceae)*
Portugiesischer Name: *lírio-dos-incas u. a.*
Blütezeit: *April – November*
Heimat: *Süd- und Mittelamerika*

Die Gattung Inkalilien umfasst rund 130 Arten, dazu gesellen sich etliche Unterarten und unzählige durch Kreuzung entstandene Hybride. Mit ihrem breit gefächerten Spektrum an Blütenfarben setzt sie vielerorts auf der Blumeninsel Akzente. Der Gattungsname *Alstroemeria* wurde von Carl von Linné vergeben, er ehrte damit seinen Studenten Claes Alströmer (1736–1794).

Merkmale: Die buschige Staude erreicht eine Wuchshöhe von 1 m. Die Blätter sind lanzettlich und glattrandig. Die Trichterblüten bestechen durch ihren Farbenreichtum, das Spektrum reicht je nach Hybride von gelb, gold und rosa bis zu pink und verschiedenen Rottönen. Auffällig gezeichnet sind die inneren Blütenblätter. Als Ausgangsart für Kreuzungen diente vornehmlich die Goldene Inkalilie *(A. aurea)*.

Verbreitung: Inkalilien sind als Zierpflanzen in den ganzen Tropen und Subtropen verbreitet, die winterharte Sorte ›Orange King‹ wird auch in gemäßigten Zonen kultiviert. Auf Madeira sind verschiedene Sorten in Gärten und an Straßenrändern zu sehen, einen großen Bestand gibt es im Garten des Forsthauses an der Boca da Corrida auf 1300 m Höhe.

54

55

55

Fremdländische Gehölze

Trotz der großen zusammenhängenden Bestände an Lorbeerwäldern zeigt die »Holzinsel« heute vielerorts ein ganz anderes Gesicht als vor 500 Jahren. Die einst für den Zuckerrohranbau gerodeten Flächen wurden nicht wieder mit einheimischen Hölzern aufgeforstet, sondern mit schnell wachsenden Strand-Kiefern *(Pinus pinaster)* vom europäischen Festland und mit aus Australien eingeführtem Eukalyptus *(Eucalyptus globulus)*. Beide stellen heute auf Madeira die mit am weitesten verbreiteten Baumarten. Dazu gesellen sich ebenfalls aus Australien stammende Akazien *(Acacia* sp.*)*. Manche davon, etwa die Mearns-Akazie *(Acacia mearnsii)*, sind ausgesprochen invasiv und erobern immer neue Flächen. Als Nutzpflanze kam auch schon sehr früh die Esskastanie *(Castanea sativa)* auf die Insel; vor allem in der Region um Curral das Freiras gibt es davon teils ausgedehnte Wälder. Auch nordamerikanische Arten wie die Monterey-Zypresse *(Cupressus macrocarpa)* und die Küsten-Douglasie *(Pseudotsuga menziesii* var. *menziesii)* pflanzte man in kleinem Rahmen. Für ein exotisches Moment aus Fernost sorgt die Japanische Sicheltanne *(Cryptomeria japonica)*. Die aus Europa vertraute Stieleiche *(Quercus robur)* gilt als eingebürgert.

Zu den forstwirtschaftlich genutzten Arten gesellen sich als Park- und Straßenbäume gepflanzte Gehölze aus aller Welt. Einen Querschnitt gibt der Baumgarten (Arboretum) im nördlichen Teil des Botanischen Gartens von Funchal (S. 10), in dem Exoten aus den unterschiedlichsten Erdteilen versammelt sind, etwa Ginkgo *(Ginkgo biloba)*, Ur-

Im Bergland prägen vielerorts ausgedehnte Eukalyptuswälder die Landschaft.

Rhododendronblüte in Ribeiro Frio.

weltmammutbaum *(Metasequoia glyptostroboides)* und die aus dem Mittelmeerraum bekannte Schirmpinie *(Pinus pinea)*. Die Anfänge des Baumgartens gehen auf die Mitte des 19. Jahrhunderts zurück, viele der Bäume sind von daher mehr als 150 Jahre alt und zu stattlicher Größe ausgewachsen.

Auch Palheiro Gardens (S. 14) verfügt über eine außerordentliche Sammlung aus den unterschiedlichsten Regionen der Welt, darunter auch in gemäßigten Breiten beheimatete Bäume wie etwa der nordamerikanische Tulpenbaum *(Liriodendron tulipifera)* oder die allseits aus Mitteleuropa bekannte Buche. Eine der Attraktionen in Palheiro Gardens ist eine Kamelienallee; die aus Ostasien stammende Kamelie ist auch außerhalb von botanischen Gärten viel zu sehen.

In öffentlichen Parks und Privatgärten setzt vielerorts die Norfolktanne *(Araucaria heterophylla)* einen markanten Fixpunkt, auch Baum- und Palmfarne sieht man allerorten. Und nicht zu vergessen die Palme selbst, angefangen von der Kanarischen Dattelpalme *(Phoenix canariensis)* bis zur Kalifornischen Washingtonpalme *(Washingtonia filifera)* und der in Kuba beheimateten Königspalme *(Roystonea regia)* – sie alle kommen in dem subtropischen Klima Madeiras gut zurecht.

Jede Jahreszeit hält ihr eigenes Blütenspektakel bereit: Im Frühjahr verwandelt der Jacarandabaum *(Jacaranda mimosifolia)* die Straßen von Funchal in ein taubenblaues Blütenmeer, im Sommer stehen Australischer Flammenbaum *(Brachychiton acerifolius)* und Neuseeländischer Weihnachtsbaum *(Metrosideros excelsa)* in voller Blüte, im Herbst der Florettseidenbaum *(Ceiba speciosa)* und mitten im europäischen Winter blühen Bauhinie *(Bauhinia variegata)* und Afrikanischer Tulpenbaum *(Spathodea campanulata)*.

Nadelgehölze in Queimadas.

Ginkgo *(Ginkgo biloba)* 1

Familie: *Ginkgogewächse (Ginkgoaceae)*
Portugiesischer Name: *nogueira-do-Japão, ginkgo u. a.*
Blütezeit: *März – April*
Heimat: *China, Japan*

Als »Weltenbaum, der die Geheimnisse einer unermesslichen Vergangenheit bewahrt« skizzierte der englische Paläobotaniker Albert Charles Seward (1863–1941) den vermutlich ältesten Baum der Zeitgeschichte. Den Gingko gibt es schon seit der Kreidezeit, er wird nach einem von Charles Darwin geprägten Begriff als »lebendes Fossil« bezeichnet. In japanischen Tempelgärten kultiviert man den Baum schon seit mehr als 1000 Jahren. Holländische Kaufleute brachten um 1730 erste Samen nach Europa. In Deutschland bekannt wurde der Ginkgo durch das Gedicht »Ginkgo biloba« von Johann Wolfgang von Goethe, der das zweigeteilte Blatt als Symbol der Freundschaft in die Literatur einführte. Der Name des Baums leitet sich aus den chinesischen Schriftzeichen »gin« und »kyo« ab, übersetzt heißt das soviel wie Silberaprikose – damit wird auf die im Sonnenlicht silbrig glänzenden Samenmäntel aufmerksam gemacht.

Merkmale: Der sommergrüne Baum erreicht eine Wuchshöhe von bis zu 40 m. Er gilt als ausgesprochen robust und widerstandsfähig gegen Schädlinge. Typisch sind die an langen Stielen sitzenden und wie kleine Fächer geformten Blätter, die dem Baum im Herbst zu einer goldgelben Färbung verhelfen. Der Ginkgo ist zweihäusig, die Blüten befinden sich an 2–3 cm langen »Kätzchen«. Aus der weiblichen Blüte entwickeln sich essbare Samen (Ginkgo-Nüsse); sie stecken in einer gelbfleischigen runden Samenschale, die in Form und Größe einer Mirabelle ähnelt und ausgereift unangenehm nach Buttersäure riecht.

Verbreitung: Einen natürlichen Standort des Ginkgobaums gibt es nur noch in Ostchina im Tianmu-Gebirge, dort steht auch der mit 1400 Jahren älteste Ginkgo. In Europa wird der wunderbare Herbstfärber vielerorts als Park- und Straßenbaum geschätzt. Auf Madeira gibt es ihn u. a. in Palheiro Gardens und im Arboretum des Botanischen Gartens von Funchal – Samen wird man dort allerdings vergeblich suchen, bei beiden Individuen handelt es sich um männliche Exemplare.

Australische Silbereiche *(Grevillea robusta)* 2

Familie: *Silberbaumgewächse (Proteaceae)*
Portugiesischer Name: *grevílea*
Blütezeit: *April – Juni*
Heimat: *Australien*

Die Australische Silbereiche ist auch außerhalb ihrer Heimat in vielen warmen Klimazonen ein beliebter Zierbaum. Auffällig sind die Blütenstände – mit etwas Fantasie ausgestattet sehen sie fast wie Zahnbürsten aus.

Merkmale: Der Baum wird 15–30 m hoch. Die doppelt gefiederten Laubblätter glänzen im jungen Stadium leicht silbrig. Die orangefarbenen bis goldgelben Blüten haben wie viele Silberbaumgewächse lange Griffel, die oft leicht gebogen aus der Blütenröhre herausragen.

Verbreitung: Auf Madeira steht die Silbereiche an Straßenrändern, auf Plätzen und in öffentlichen Parks. Stolze Individuen sieht man u. a. auf dem Dorfplatz von Jardim do Mar und in Funchal im Parque de Santa Catarina unmittelbar vor dem Casino.

1

1

1

2

2

Japanischer Palmfarn *(Cycas revoluta)* 3

Familie: *Palmfarngewächse (Cycadaceae)*
Portugiesischer Name: *sagu-de-jardim*
Blütezeit: *ganzjährig*
Heimat: *südliches Japan (Kyushu, Ryukyu), China (Provinz Fujian)*

In Madeiras Gärten ist man auf diese exotischen Gewächse besonders stolz. Wie auch der Ginkgo (S. 202) gehören Palmfarne zu den ältesten Pflanzen überhaupt, es gab sie schon vor 300 Millionen Jahren. Obschon manche Arten stark an Palmen erinnern, sind sie nicht mit diesen verwandt, und da es sich um Blütenpflanzen handelt, gehören sie auch nicht zu den Farnen. Wie auch Nadelbäume sind Palmfarne Nacktsamer, die Zapfen ausbilden. Von den etwa 100 Cycas-Arten ist der Japanische Palmfarn weltweit die am meisten kultivierte Art.

Merkmale: Auf Madeira wird die sehr langsam wachsende Art meist nicht viel höher als 1,5 m. Die einfach gefiederten Laubblätter (Wedel) können bis zu 1,8 m lang sein, sie stehen als dichter Schopf am oberen Ende des Stamms und sind leicht sichelförmig gebogen. Der Palmfarn ist zweihäusig: Der weibliche Blütenstand hat eine fast rundliche Form, bei männlichen Pflanzen bildet sich in der Mitte des Blattschopfs ein bis zu 60 cm langer konischer Zapfen, der in einer stumpfen Spitze ausläuft. Alle Pflanzenteile, insbesondere die Samen, sind stark giftig.

Verbreitung: Der Palmfarn steht vielerorts in Madeiras Gärten und Parks. Eine mit 60 Arten umfangreiche Sammlung von Palmfarngewächsen kann im Monte Palace Tropical Park bestaunt werden, neben dem Japanischen Palmfarn vor allem viele in Südafrika beheimatete Arten.

Ähnliche Arten: Im Botanischen Garten von Funchal stehen u. a. einige Exemplare von *C. circinalis* **3a**; mit ihrem bis zu 5 m hohen Stamm sehen diese einer Palme täuschend ähnlich.

Coopers Baumfarn *(Sphaeropteris cooperi)* 4

Familie: *Cyatheagewächse (Cyatheaceae)*
Portugiesischer Name: *feto arbóreo*
Heimat: *Australien (Queensland)*

Baumfarne liefern weder Holz noch haben sie eine Borke – beides sind normalerweise Grundvoraussetzungen, um in der Botanik Baum genannt zu werden. Baumfarne fallen diesbezüglich aus der Reihe. Coopers Baumfarn, einer der bekanntesten seine Gattung, kann bis zu 10 m hoch werden und überragt damit die meisten anderen Farne um Längen. Ihn von daher einfach nur Farn zu nennen, würde ihm auch nicht gerecht werden. Schön anzuschauen ist er auf alle Fälle, sein filigraner Blattschopf macht ihn weltweit zu dem am häufigsten gepflanzten Zierfarn. Was er braucht, ist eine möglichst ganzjährig hohe Luftfeuchtigkeit, was er nicht vertragen kann, ist Frost.

Merkmale: Der Baumfarn bildet einen dicken Scheinstamm aus, bei dem es sich vornehmlich um einen verdickten Spross handelt, an dem sich endständig ein ausladender Blattschopf entfaltet. Die gefiederten Wedel können 3–6 m lang werden.

Verbreitung: Coopers Baumfarn wird in allen warmen Klimazonen als Ziergewächs gezogen, in gemäßigten Breiten steht er in vielen Tropenhäusern botanischer Gärten. Auf Madeira sieht man ihn außer in Parkanlagen auch in Privatgärten, leicht zu finden ist er z. B. an der Forellenzuchtstation in Ribeiro Frio und im Jardim Municipal in Monte.

3

3

3a

4

Küsten-Douglasie *(Pseudotsuga menziesii var. menziesii)* 5

Familie: *Kieferngewächse (Pinaceae)*
Portugiesischer Name: *abeto-de-douglas*
Heimat: *Nordamerika*

Die auch Gewöhnliche Douglasie oder Douglastanne genannte Konifere kam von der nordamerikanischen Pazifikküste nach Madeira. Sie wird überall in Europa wegen ihres schnellen Wachstums geschätzt und liefert ein hervorragendes Bau- und Möbelholz. Der Name ehrt den schottischen Botaniker David Douglas (1799–1834), der das Kieferngewächs 1827 nach Europa brachte; auch die Gelb-Kiefer *(Pinus ponderosa)* und die Küsten-Tanne *(Abies grandis)* machte er in der Alten Welt bekannt. Douglas starb im jungen Alter von 35 Jahren: Er fiel auf Hawaii in eine Fallgrube und wurde von einem wilden Stier zu Tode getreten.

Merkmale: Der Nadelbaum wird in seiner Heimat gewöhnlich bis zu 60 m hoch (als weltweit höchstes Exemplar gilt derzeit mit 99 m die »Doerner Fir« in Oregon); auf Madeira erreicht der Baum 15–20 m. Die bis zu 4 cm langen Nadeln sind in der Regel stumpf und tragen an der Unterseite meist zwei feine weiße Wachsstreifen. Zwischen den Fingern zerrieben duften die Nadeln leicht nach Orange. Die 5–10 cm langen Zapfen hängen kopfüber von den Zweigen herab.

Verbreitung: Auf Madeira wird in kleinem Umfang mit Douglasien aufgeforstet, ein Wäldchen steht etwa am Forsthaus Estanquinhos am Rand des Paul da Serra auf knapp 1600 m Höhe. Alte Exemplare findet man u. a. an der Auffahrt zum Pico Ruivo im Park von Pico das Pedras.

Strand-Kiefer *(Pinus pinaster)* 6

Familie: *Kieferngewächse (Pinaceae)*
Portugiesischer Name: *pinheiro bravo, pinheiro marítimo*
Heimat: *westliches Mittelmeer, Iberische Halbinsel, französische Atlantikküste*

Neben der Douglasie ist von den Kieferngewächsen einzig die Strand-Kiefer in größeren Beständen auf Madeira vertreten. Mit ihr wurde nicht nur wegen des Bedarfs an gutem Bauholz aufgeforstet, auch die Harzgewinnung spielte einst eine Rolle. Die Konifere wird auch See-Kiefer genannt; auf Madeira ist sie allerdings weniger in Meeresnähe, sondern meist in mittleren Lagen zu sehen. Oft bildet sie lichte Wälder mit Farnen und Ginster im Unterwuchs.

Merkmale: Der Nadelbaum erreicht eine Wuchshöhe von 20–40 m. Die Nadeln werden bis zu 25 cm lang, an der Spitze sind sie stechend. Die Zapfen mit sich dachziegelartig überlappenden Schuppen stehen einzeln, paarweise oder bis zu acht am Zweig.

Verbreitung: Wie auch mit dem Eukalyptus wurde mit der Strand-Kiefer in großem Stil auf der Insel aufgeforstet. Sie ist von der Küste bis in Lagen von 1500 m anzutreffen, man kann sie z. B. an der Auffahrt von Poiso zum Pico do Arieiro am Straßenrand stehen sehen. Auch an vielen Levadawegen ist sie ein Begleiter, etwa an der Levada Nova zwischen Calheta und Cabo, wo sie meist in Gesellschaft mit Eukalyptus und Edelkastanien steht.

Ähnliche Arten: Sehr ähnlich ist die Aleppo-Kiefer *(P. halepensis)*. Diese im Mittelmeerraum dominierende Art kommt auf Madeira nicht vor, mit ihr wurde in kleinerem Umfang lediglich auf der Nachbarinsel Porto Santo aufgeforstet. Auch die Kanaren-Kiefer *(P. canariensis)* ist, von vereinzelt als Zierbaum gepflanzten Individuen abgesehen, trotz der geografischen Nähe auf Madeira nicht verbreitet.

5

5

6

6

Küstenmammutbaum *(Sequoia sempervirens)* 7

Familie: *Zypressengewächse (Cupressaceae)*
Portugiesischer Name: *sequóia, sequóia-com-folhas-de-teixo*
Blütezeit: *Dezember – Februar*
Heimat: *Nordamerika (Kalifornien, Oregon)*

Wenn die Bezeichnung Baumriese auf ein Gehölz zutrifft, dann natürlich auf den Mammutbaum. Ein Küstenmammutbaum namens »Hyperion« im kalifornischen Redwood-Nationalpark ist der derzeit höchste bekannte Baum der Erde – er ist 115 m hoch. Die auf Madeira verbreiteten Exemplare sind davon noch sehr weit entfernt, doch mit einem Alter von maximal 200 Jahren sind sie ja vergleichsweise noch recht jung.

Merkmale: Wegen seines rötlichen Holzes wird der immergrüne Nadelbaum auch Redwood genannt. Individuen von 80 bis 100 m Höhe und mit einem Stammdurchmesser von 5–7 m sind keine Seltenheit; die Bäume können ein Alter von bis zu 1500 Jahren erreichen. Die Nadeln sind bis zu 2 cm lang; an den Triebenden sitzen kleine unscheinbare Blüten von blassgelber Farbe, aus denen sich etwa 2 cm lange, eiförmige Zapfen bilden.

Verbreitung: Außerhalb des natürlichen Verbreitungsgebiets gehört der Küstenmammutbaum weltweit zum Inventar vieler botanischer Gärten. Auf Madeira gibt es ihn u. a. in Palheiro Gardens, in der Quinta Jardins do Imperador (siehe Bild) und im Parque Pico das Pedras.

Lawsons Scheinzypresse *(Chamaecyparis lawsoniana)* 8

Familie: *Zypressengewächse (Cupressaceae)*
Portugiesischer Name: *cedro-do-Óregão*
Blütezeit: *März – Juni*
Heimat: *Nordamerika (Oregon, Nordkalifornien)*

Aus der Gattung der Scheinzypressen ist Lawsons Scheinzypresse die am meisten verbreitete Art, was nicht zuletzt mit ihrer dekorativen, oft kegelförmigen Krone zu tun haben dürfte. Ihren Namen verdankt die Konifere dem schottischen Botaniker Peter Lawson, der 1854 erstmals in Europa aus den Samen Setzlinge zog. Scheinzypresse heißt sie wegen der Ähnlichkeit zu echten Zypressen *(Cupressus)*. Der Baum wird auch nach seiner ursprünglichen Heimat Oregonzeder genannt.

Merkmale: Die oft mehrstämmige immergrüne Konifere erreicht in Nordamerika Wuchshöhen von 50–60 m, auf Madeira kommt sie selten über 10–15 m hinaus. Typisch ist ein oft überhängender Gipfeltrieb. Jungbäume sind bis zum Boden beastet, Altbäume haben eine längsrissige, rotbraune Borke. Wie auch echte Zypressen haben Scheinzypressen farnwedelartige Zweige mit schuppig aufgebauten Blättern. Der männliche Baum zeichnet sich durch leuchtend rot gefärbte Blüten an den Zweigenden aus, die Blüten der weiblichen Bäume sind blaugrün. Im Unterschied zu den Zapfen der Echten Zypressen werden die von Lawsons Scheinzypresse nur erbsengroß.

Verbreitung: Lawsons Scheinzypresse ist auch in Mitteleuropa ein beliebtes Ziergehölz; Zuchtformen stehen in Gärten, Parks und auf Friedhöfen. Auf Madeira gibt es etliche kleinere aufgeforstete Bestände, im Bergland sieht man den Baum in Höhenlagen von bis zu 1300 m. Er ist darüber hinaus eine Zierde vieler Gärten.

Ähnliche Arten: In vielen Gärten Madeiras macht die Mittelmeerzypresse *(Cupressus sempervirens)* **8a** durch ihren schlanken Wuchs auf sich aufmerksam.

7

8a

8

8

Japanische Sicheltanne *(Cryptomeria japonica)* 9

Familie: *Zypressengewächse (Cupressaceae)*
Portugiesischer Name: *criptoméria*
Heimat: *Japan*

Aus Japan stammend ist die Sicheltanne ein echter Exot in Madeiras Baumlandschaft. Auffällig ist vor allem die mehrstämmig und säulenartig wachsende Zuchtform ›Elegans‹. Wie auch der Küstenmammutbaum und die Scheinzypresse (S. 208) gehört die Sicheltanne zur Familie der Zypressengewächse.

Merkmale: Der immergrüne Baum mit seiner rotbraunen Borke erreicht in seiner Heimat eine Wuchshöhe von bis zu 50 m, auf Madeira wird er 10–20 m hoch. Der Name geht auf die 0,6–2,5 cm langen, sichelförmig gekrümmten Nadeln zurück. Die kugeligen Zapfen haben maximal 3 cm im Durchmesser.

Verbreitung: In Japan ist die Sicheltanne Nationalbaum und einer der wichtigsten Forstbäume, sie wird dort bis in Lagen von 2000 m kultiviert. Auf Madeira steht sie als Zierbaum in vielen Parks (Palheiro Gardens, Ribeiro Frio) und säumt auch manche Levada, z. B. die Levada da Fajã do Rodrigues. Imposante Exemplare der Zuchtform ›Elegans‹ stehen u. a. in der Quinta Jardins do Imperador (siehe Bild), der Quinta do Santa da Serra und am Forsthaus Lamaceiros oberhalb von Portela.

Kanarische Dattelpalme *(Phoenix canariensis)* 10

Familie: *Palmengewächse (Arecaceae)*
Portugiesischer Name: *palmeira das Canárias*
Heimat: *Kanarische Inseln*

Was wäre eine subtropische Insel ohne Palmen? Um mit Alexander von Humboldt zu sprechen: Diese sind die »edelsten aller Pflanzengestalten«. Auf Madeira sorgen allerorten Washingtonpalme *(Washingtonia filifera)* **10a** und Königspalme *(Roystonea regia)* **10b** für südliches Flair. Am meisten verbreitet aber ist die Kanarische Dattelpalme, nicht zuletzt, weil sie leicht gezogen werden kann. Und geografisch gesehen ist ihre Heimat schließlich auch nicht allzu weit entfernt. Im Botanischen Garten von Funchal gibt es darüber hinaus eine Sammlung mit exotischen Palmen aus aller Welt, darunter Bismarckpalme *(Bismarckia nobilis)*, Fischschwanzpalme *(Caryota mitis)* und, besonders dekorativ, die aus Madagaskar stammende Goldfruchtpalme *(Dypsis lutescens)*.

Merkmale: Der unverzweigte Stamm der Kanarischen Dattelpalme erreicht eine Wuchshöhe von 8–20 m. Die bis zu 6 m langen Wedel bilden eine wohlgeformte Krone, die auch als Schattenspender taugt. Abfallende Wedel hinterlassen am Stamm rhombenförmige Narben. Die gelb-weißen bis gelb-orangefarbenen Blüten hängen in dichten Büscheln von der Krone herab. Die bis zu 2,5 cm langen, dunkelbraunen Früchte (Datteln) haben nur wenig Fruchtfleisch und sind von fadem Geschmack. Auf den Kanarischen Inseln gewinnt man aus dem Saft der Palme eine Art Palmhonig (span. miel de palma), der dort so manches Dessert versüßt.

Verbreitung: Auf Madeira steht die Kanarische Dattelpalme vornehmlich an der Südküste, oft ziert sie Uferpromenaden. Vielerorts wird sie auch als Schattenbaum auf öffentlichen Plätzen gepflanzt.

Ähnliche Arten: Etwas schlanker im Stamm und mit weniger fülliger Krone kommt die Echte Dattelpalme *(P. dactylifera)* daher. Ihre Früchte sind in den vornehmlich arabischen Anbauländern ein Grundnahrungsmittel.

9

9

10

10a

10b

10

Japanische Kamelie *(Camellia japonica)* 11

Familie: *Teestrauchgewächse (Theaceae)*
Portugiesischer Name: *camélia japoneira*
Blütezeit: *Dezember – April*
Heimat: *Ostasien (Korea, China, südliches Japan)*

»Man hatte nie gesehen, dass Margarete andere Blumen trug als Kamelien«, dichtete Alexandre Dumas in seinem 1848 erschienenen Welterfolg »Die Kameliendame«. Das ostasiatische Teestrauchgewächs war schon damals in Europa weithin bekannt und gehörte zum Inventar vieler botanischer Sammlungen. Die ersten Pflanzen wurden von portugiesischen Seefahrern bereits im 16. Jahrhundert nach Europa gebracht. In höfischen Gärten avancierte die Kamelie bald zur Modeblume, europäische Gärtnereien deckten die Nachfrage mit immer neuen Züchtungen. Viele der neuen Kreationen haben mit der Wildform nur noch wenig zu tun, die Blüten wurden immer formenreicher, fülliger und größer. Wie das schöne Gewächs wohl zu seinem Namen kam? Als Carl von Linné den Kleinbaum in sein binäres System aufnahm, benannte er ihn nach dem böhmisch-mährischen Jesuiten Georg Joseph Kamel (1661–1706), der neben seiner Lehrtätigkeit auf den Philippinen auch botanischen Studien nachging.

Merkmale: Der baumartige Strauch kann eine Wuchshöhe von bis zu 12 m erreichen. Seine immergrünen, ledrigen Blätter sind eiförmig; die Blütenfarbe ist in der Regel rosa bis rötlich, doch es gibt auch cremefarbene Varietäten und solche mit zweifarbigen Blütenblättern. Etwas enttäuschend mag sein, dass Kamelien kaum duften. Sie wachsen langsam, werden dafür aber sehr alt – die wohl älteste Kamelie in Europa steht in Vila Nova de Gaia an der portugiesischen Atlantikküste.

Verbreitung: Auf Madeira wurde die Kamelie von Engländern in die Gartenkultur eingeführt. Außerhalb von Parks wird sie teils als Straßenbaum kultiviert. Berühmt ist die Kamelienallee in Palheiro Gardens (S. 14), schöne Bestände gibt es auch im Garten der Quinta do Santo da Serra; in Pico das Pedras und Queimadas ist sie selbst noch auf fast 900 m Höhe anzutreffen.

Stieleiche *(Quercus robur)* 12

Familie: *Buchengewächse (Fagaceae)*
Portugiesischer Name: *carvalho-roble u. a.*
Heimat: *von Skandinavien bis Südeuropa, im Osten bis an den Ural*

Was in Mitteleuropa ein sehr vertrauter Anblick sein mag, kann auf Madeira durchaus exotisch wirken. Vor der Ankunft der Portugiesen gehörten Stieleichen nicht zum natürlich vorkommenden Baumbestand, heute gelten sie als eingebürgert.

Merkmale: Der laubabwerfende Baum wird 20–40 m hoch, er kann bis zu 1000 Jahre alt werden. Schon junge Bäume fallen durch ihre tief gefurchte Borke auf. Typisch sind die länglichen Blätter mit ihren abgerundeten unregelmäßigen Lappen und natürlich die Eicheln, die an bis zu 4 cm langen Stielen sitzen und dem Baum den Namen gaben.

Verbreitung: Stieleichen wurden im letzten Jahrhundert entlang von Levadas gepflanzt, z. B. an der Levada da Serra do Faial zwischen Camacha und Sitio das Quatro Estradas – es gibt dort mehr als 100 Jahre alte Individuen. Kleinere aufgeforstete Eichenwälder finden sich vornehmlich in der Nähe von Forsthäusern (z. B. am Posto Florestal Estanquinhos).

11

11

12

12

12

Edelkastanie *(Castanea sativa)* 13

Familie: *Buchengewächse (Fagaceae)*
Portugiesischer Name: *castanheiro*
Blütezeit: *Mai – Juni*
Heimat: *Südeuropa*

Die Edelkastanie, umgangssprachlich auch Maronenbaum genannt, kam mit den ersten portugiesischen Siedlern als Nutzpflanze auf die Insel. Ungekrönte »Kastanien-Hauptstadt« ist ohne Frage Curral das Freiras, nicht nur, weil dort die Hänge ringsum von ausgedehnten Maronenwäldern bestanden sind: In etlichen Lokalen werden auch verschiedene Kastanienspezialitäten angeboten, angefangen von der Kastaniensuppe bis hin zum »Licor de Castanha«. Im Winter kann man an Straßenständen in Funchal frisch geröstete Maronen probieren.

Merkmale: Der laubabwerfende Baum wird auf Madeira 6–12 m hoch. Seine lanzettlichen Blätter sind gezackt, die Blüten hängen an bis zu 15 cm langen kätzchenartigen Blütenständen an den Zweigen. Die Erntezeit der wie bei der Rosskastanie von einem stachligen Samenmantel umhüllten Früchte (Kastanien) beginnt im Oktober. Aus botanischer Sicht verwunderlich: Die Rosskastanie *(Aesculus hippocastanum)* ist nicht mit der Edelkastanie verwandt.

Verbreitung: Außer in der Region um Curral das Freiras, wo der Baum bis in Lagen von über 1000 m anzutreffen ist, ist die Edelkastanie auch in Westmadeira verbreitet; sie mischt sich dort mit Kiefern und Eukalyptus. Wanderer können den Baum beispielsweise an der Levada Nova zwischen Prazeres und Calheta sehen (S. 27).

Norfolktanne *(Araucaria heterophylla* syn. *A. excelsa)* 14

Familie: *Araukariengewächse (Araucariaceae)*
Portugiesischer Name: *araucária*
Heimat: *Norfolkinsel (Australien)*

Wie Ginkgobäume und Palmfarne gab es Araukarien schon in grauer Vorzeit. Etliche Arten dieser Familie starben vermutlich zeitgleich mit den Dinosauriern aus, andere überlebten bis heute. Auf Madeira ist die Norfolktanne von den Araukarien am häufigsten zu sehen, ihre markante Wuchsform macht sie unverkennbar. Im Deutschen wird die Norfolktanne auch Zimmertanne genannt – ein Hinweis darauf, dass sie früher eine in der warmen Stube gezogene Zimmerpflanze war.

Merkmale: Der immergrüne Baum erreicht mit seiner konischen Krone eine Wuchshöhe von 40–70 m. Wie bei der Tanne sind die Äste horizontal in Etagen am kerzengeraden Stamm angeordnet. Der Artbeiname *heterophylla* bezieht sich auf die verschiedenen Blattformen – die Blätter an noch jungen Zweigen sind nadelförmig, die an älteren liegen wie Schuppen übereinander.

Verbreitung: Die Norfolktanne ist in allen frostfreien Zonen ein beliebter Zierbaum, auf Madeira ist sie in vielen öffentlichen und privaten Parks zu sehen. Der mit 43 m höchste Baum steht in Palheiro Gardens, der von der Lage am höchsten stehende findet sich in Pico das Pedras auf 870 m.

Ähnliche Arten: In Palheiro Gardens stehen Norfolktanne und Queensland-Araukarie *(A. bidwillii)* einträchtig nebeneinander. Im Unterschied zur Norfolktanne hat diese eine leicht gerundete Krone. Eine weitere auf Madeira verbreitete Art ist *A. columnaris*, die man u. a. im Parque de Santa Catarina (S. 12) und im Jardim Municipal in Funchal sehen kann (S. 12).

13

13

13

14

14

Peruanischer Pfefferbaum *(Schinus molle)* 15

Familie: *Sumachgewächse (Anacardiaceae)*
Portugiesischer Name: *pimenteira bastarda*
Blütezeit: *ganzjährig*
Heimat: *Süd- und Mittelamerika*

Im Portugiesischen nennt man ihn Bastard-Pfeffer, im Deutschen Falschen Pfeffer. Mit dem Echten Pfeffer *(Piper nigrum)* ist der Baum nicht verwandt, obschon seine rosa Früchte leicht nach Pfeffer schmecken, allerdings weitaus weniger Schärfe haben.

Merkmale: Der schnell wachsende immergrüne Baum wird bis zu 12 m hoch. Seine bis zu 30 cm langen, gefiederten Blätter enthalten ein schwach duftendes ätherisches Öl. Typisch sind die kopfüber hängenden Rispen mit gelbweißen Blüten. Der Baum ist zweihäusig, sprich männliche und weibliche Blüten kommen getrennt auf verschiedenen Bäumen vor – die pfefferkorngroßen rosa Steinfrüchte bilden sich aus den weiblichen Blüten.

Verbreitung: Als Nutzpflanze spielt der Peruanische Pfefferbaum keine Rolle, er wird dagegen in vielen Ländern als schnell wachsender und dekorativer Park- oder Straßenbaum geschätzt. Auf Madeira steht er u. a. im Parque de Santa Catarina (S. 12).

Baum-Rhododendron *(Rhododendron arboreum)* 16

Familie: *Heidekrautgewächse (Ericaceae)*
Portugiesischer Name: *rododendro*
Blütezeit: *Februar – März*
Heimat: *Himalaja (Indien, Nepal, Bhutan u. a.)*

Eine Reise nach Madeira kann zwar keine in den Himalaja ersetzen, wo der Rhododendron dichte Bergwälder ausbildet und zur Blütezeit die Hänge bis hinauf in 3800 m Höhe in ein rotes Blütenmeer taucht. Doch auch auf der Blumeninsel gibt es prächtige Bestände dieses mitunter baumhohen Heidekrautgewächses. Der englische Botaniker Joseph Dalton Hooker (1817–1911) und spätere Leiter der heute weltberühmten Royal Botanic Gardens in Kew brachte 1851 etwa 30 damals unbekannte Arten nach Europa. Als dann einige Jahre später die ersten davon anfingen zu blühen, lösten die exotischen Formen und Farben eine wahre Rhododendron-Manie unter Gartenbesitzern in ganz England aus; auch in Deutschland entstanden bald Rhododendron-Parks und -Baumschulen. Die Engländer waren es auch, die den Rhododendron auf Madeira einführten.

Merkmale: Der immergrüne Baum wird bis zu 4 m hoch, in den Heimatländern kann er eine Wuchshöhe von bis zu 30 m erreichen. Er hat eiförmig-lanzettliche Blätter von 15–20 cm Länge. Die Blütenstände tragen glockenförmige Blüten mit roten bis lila Kronblättern.

Verbreitung: Der Baum-Rhododendron ist in Nepal Nationalblume. Auf Madeira ist er vornehmlich in mittleren Höhenlagen von 300–800 m anzutreffen, ideale Wachstumsbedingungen findet er im relativ feuchten Klima um Santo da Serra und Queimadas.

Ähnliche Arten: Ein auf Madeira oft zu sehender Verwandter ist der Pontische Rhododendron *(R. ponticum)* **16a**. Die im Pontischen Gebirge (Schwarzmeerküste) beheimatete Art hebt sich durch ihre in der Regel pinkfarbenen großen Blütenstände und eine etwas spätere Blühzeit (Mai/Juni) von anderen Rhododendronarten ab. Größere Bestände gibt es davon u. a. in Ribeiro Frio nahe der Forellenzucht und in der Quinto do Santo da Serra.

15

15

16

16a

16

16a

Blauer Eukalyptus *(Eucalyptus globulus)* 17

Familie: *Myrtengewächse (Myrtaceae)*
Portugiesischer Name: *eucalipto*
Blütezeit: *April – Juni*
Heimat: *Südaustralien, Tasmanien*

Der Eukalyptusbaum ist weltweit einer der am meisten verbreiteten Plantagenbäume. Grund dafür ist sein schnelles Wachstum – schon nach wenigen Jahren liefert er hartes Bauholz und Rohstoff für die Papier- und Zellstoffindustrie. Ende des 19. Jahrhunderts begann man auch in größerem Umfang auf Madeira zu pflanzen. Es dauerte einige Zeit, bis man merkte, dass der aus Australien eingeführte Baum nicht auf die Insel passt. Er entzieht dem Boden nicht nur unverhältnismäßig viel Wasser, sondern drängt vielerorts die heimischen Bäume ins Abseits. Eukalyptuswälder sind zudem sehr artenarm, sie lassen kaum Unterwuchs zu.

Merkmale: Der schlanke, immergrüne Baum erreicht eine Wuchshöhe von bis zu 35 m. Seine Borke löst sich regelmäßig in langen Streifen vom Stamm ab und hinterlässt dabei fleckige Muster. Die lanzettlichen, lederartigen Blätter sind 15–25 cm lang und bei jungen Bäumen blau überlaufen. Zerreibt man sie, werden angenehm duftende ätherische Öle freigesetzt. Diese sind auch in den halbkugeligen Kapselfrüchten enthalten. Eukalyptusöl wirkt antibakteriell, schleim- und krampflösend und ist vornehmlich bei Erkältungskrankheiten angezeigt. Eine kleine Manufaktur in Funchal stellt aus dem Öl Eukalyptusbonbons her.

Verbreitung: Eukalyptus ist neben Lorbeer, Kiefer und Akazie die am weitesten verbreitete Baumart auf Madeira. Die teils ausgedehnten Wälder reichen von 400 bis auf etwa 1200 m hinauf; sie besetzen oft Gebiete, wo früher einmal Lorbeerwald stand. Durch die lichten Wälder führen viele Wanderwege und Levadas, so etwa der alte Königsweg vom Encumeada-Pass nach Curral das Freiras oder die Levada Nova im Tabua-Tal.

Neuseeländischer Weihnachtsbaum *(Metrosideros excelsa syn. M. tomentosa)* 18

Familie: *Myrtengewächse (Myrtaceae)*
Portugiesischer Name: *metrosídero, árvore-do-fogo*
Blütezeit: *Mai – August*
Heimat: *Neuseeland (Nordinsel)*

In seiner Heimat steht der Weihnachtsbaum im Winter in voller Blüte, in der nördlichen Hemisphäre, sprich auf Madeira, blüht er im Sommer. Und das nicht zu knapp – an der mit halbkugeligen Blütenständen dicht gefüllten, ausladenden Krone kommt man kaum vorbei, ohne ein Foto zu schießen.

Merkmale: Der oft mehrstämmige immergrüne Baum erreicht eine Wuchshöhe von 15–20 m. Zahlreiche bis zu 5 cm lange, scharlachrote Staubfäden geben der Blüte ihr typisches Aussehen. Wegen seinem harten Holz wird der Baum auch Eisenholzbaum genannt. Luftwurzeln sorgen bei älteren Bäumen für einen besseren Halt der mitunter ausladenden Krone.

Verbreitung: Auf Madeira trifft man den Baum oft unmittelbar an der Küste an, so etwa an der Uferpromenade im Hotelviertel von Funchal oder am ehemaligen Hafen von Calhau an der Nordküste. Ein mehrstämmiges Prachtexemplar mit einem Stammumfang von mehreren Metern steht in Palheiro Gardens (S. 14).

17

17

17

18

Buntfarbene Bauhinie *(Bauhinia variegata)* 19

Familie: *Hülsenfrüchtler (Fabaceae)*
Portugiesischer Name: *bauínia*
Blütezeit: *Januar – April*
Heimat: *Südchina (Hongkong), Indien*

Egal ob violett, rosa oder weiß, zur Blütezeit im Winter geben Bauhinien mit ihren teils ausladenden Kronen immer ein spektakuläres Bild ab – nicht zuletzt, weil die Blüteperiode sich über mehrere Wochen erstreckt. Die Blüten sehen ein bisschen wie die von Orchideen aus, von daher wird der dekorative Zierbaum auch Orchideenbaum genannt. In der chinesischen Sonderverwaltungszone Hongkong hat es eine stilisierte Blüte der Bauhinie in die Flagge geschafft.

Merkmale: Bauhinien können in ihrer Heimat mehr als 10 m hoch werden. Die Blüten sitzen endständig an den Zweigen. Sie tragen fünf Kronblätter, aus denen gebogene Staubfäden herausstehen. Das oberste Blatt ist mit dunkleren Äderchen gezeichnet. Die Blütenfarbe variiert von rosa bis violett, auch eine weiß blühende Varietät gibt es.

Verbreitung: Von den etwa 250 bis 300 Arten gehört vor allem die Buntfarbene Bauhinie zur Sammlung vieler botanischer Gärten. In Madeira steht der Baum u. a. in Palheiro Gardens, im Parque de Santa Catarina sowie in etlichen Privatgärten.

Abessinischer Korallenbaum *(Erythrina abyssinica)* 20

Familie: *Hülsenfrüchtler (Fabaceae)*
Portugiesischer Name: *coralina da Abissínia*
Blütezeit: *Januar – August*
Heimat: *Zentral- und Ostafrika*

Der Verwandte des Korallenstrauchs (S. 222) zeichnet sich wie dieser durch exotische Blüten aus. Er trägt in der Blühperiode keine Blätter, wodurch die von roten Farbbüscheln geschmückte ausladende Krone besonders exotisch wirkt.

Merkmale: Der laubabwerfende Baum erreicht eine Wuchshöhe von 4–12 m. Er gibt sich leicht durch seine wuschelig aussehenden feuerroten Blütenköpfe zu erkennen. Die Samen sind sehr giftig.

Verbreitung: Der Baum steht in Funchal auf Plätzen und in Parks, etwa im Parque de Santa Catarina (S. 12).

Ähnliche Arten: Zur Gattung der Korallenbäume gehören etwa 120 Arten. Mit dem Südafrikanischen Korallenbaum *(E. caffra)* **20a** gibt es einen weiteren Vertreter davon in den Gärten Funchals zu sehen. Wie viele seiner Verwandten zeichnet er sich durch attraktive rote Blüten aus.

Mearns-Akazie *(Acacia mearnsii)* 21

Familie: *Hülsenfrüchtler (Fabaceae)*
Portugiesischer Name: *acácia-negra u. a.*
Blütezeit: *ganzjährig*
Heimat: *Australien*

Kaum ein anderer Baum auf Madeira macht so massiv auf sich aufmerksam – zur Hauptblütezeit von April bis Juni tauchen die ausgedehnten Akazienwälder ganze Berghänge in ein gelbes Blütenmeer. Mit dem aus Australien eingeführten, schnell wachsenden Baum wurde ursprünglich für den Brennholz-

19

19

20

20a

20

21

bedarf aufgeforstet. Mit seiner aggressiven Ausdehnung nimmt er heute mehr und mehr von Ruderal- und Brachflächen Besitz und verdrängt dabei nicht selten heimische Pflanzen.

Merkmale: Der Baum erreicht eine Wuchshöhe von 4–10 m, örtlich kann er bis zu 15 m hoch werden. Seine immergrünen Blätter sind doppelt gefiedert. Die Mearns-Akazie ist mit der Mimose verwandt. Ihre kugeligen Blütenköpfchen sind im Unterschied zu denen der Mimose jedoch nicht rosa, sondern gelb.

Verbreitung: Die Akazienart hat sich auf Madeira invasiv ausgebreitet und bildet in Lagen zwischen 200 und 1400 m in fast allen Inselteilen ausgedehnte Wälder; oft steht der Baum in Gesellschaft mit Eukalyptus.

Ähnliche Arten: Lange nicht so stark präsent ist die Langblättrige Akazie *(A. longifolia)*, die sich von der Mearns-Akazie durch ihre länglichen Blätter und kätzchenartigen Blütenstände abhebt. Ein größerer Bestand findet sich beispielsweise nördlich von Calheta. Ebenfalls aus Australien eingebürgert ist die Silber-Akazie *(A. dealbata)*.

Judasbaum *(Cercis siliquastrum)* 22

Familie: *Hülsenfrüchtler (Fabaceae)*
Portugiesischer Name: *olaia, árvore-de-Judas*
Blütezeit: *März – Mai*
Heimat: *östliches Mittelmeergebiet*

Was für eine opulente Blütenpracht! Weniger schön ist die Geschichte, wie die mediterranen Zierbäume zu ihrem Namen kamen – einer Legende zufolge soll sich Judas Ischariot an einem davon erhängt haben.

Merkmale: Der Kleinbaum erreicht eine Wuchshöhe von 3–7 m. Noch vor dem Austrieb der fast runden, glattrandigen Blätter bildet sich eine Vielzahl von leuchtend rosaroten Schmetterlingsblüten, sie sitzen dicht an den Ästen.

Verbreitung: Der Judasbaum ist auch in winterwarmen Regionen Mitteleuropas zu Hause. Auf Madeira steht er in Gärten und öffentlichen Grünanlagen.

Korallenstrauch *(Erythrina crista-galli)* 23

Familie: *Hülsenfrüchtler (Fabaceae)*
Portugiesischer Name: *coralina cristada, corticeira*
Blütezeit: *März – August*
Heimat: *Südamerika (Brasilien, Argentinien, Paraguay)*

Der korallenrot gefärbte Schauapparat des Blütenstands erinnert entfernt an einen Hahnenkamm und macht das südamerikanische Tropengewächs zu einer spektakulären Zierpflanze.

Merkmale: Der laubabwerfende Kleinbaum erreicht eine Wuchshöhe von 6–9 m. Auf Madeira sieht er meist wie ein Strauch aus und wird nicht viel größer als 3 m. Der Stamm ist von Dornen bewehrt. Die Blüten stehen endständig in dichten Trauben zusammen, auffällig sind die herzförmigen, korallenroten Kronblätter. Alle Pflanzenteile enthalten stark giftige Alkaloide, vor allem die Samen in der sichelförmigen Schote.

Verbreitung: In Argentinien ist der Korallenstrauch Nationalblume. Er wird weltweit in den Tropen und Subtropen als attraktive Zierpflanze geschätzt, in Mitteleuropa kann er an geschützten Standorten (Bodensee) im Freiland gezogen werden. Auf Madeira schmückt der Exot viele Gärten, ein prächtiger Strauch findet sich z. B. in Ponta do Sol in der Gasse neben der Pfarrkirche.

21

22

22

23

Florettseidenbaum *(Ceiba speciosa syn. Chorisia speciosa)* 24

Familie: *Malvengewächse (Malvaceae)*
Portugiesischer Name: *sumaúma*
Blütezeit: *September – Oktober*
Heimat: *Brasilien, Argentinien*

Der Artbeiname *speciosa* taucht in der Botanik immer dann auf, wenn es sich um eine besonders prächtige Art handelt. Der Florettseidenbaum wartet mit gleich drei auffälligen Details auf – mit dem von unzähligen Stacheln besetzten Stamm, den wie Baumwolle aussehenden Kapselfasern und nicht zuletzt auch mit den exotischen Blüten. Zur Blütezeit im Herbst ist der Baum eine Augenweide!

Merkmale: Das Malvengewächs wird bis zu 15 m hoch. Der Stammfuß ist meist flaschenförmig und sieht dann wie angeschwollen aus. Die fünf rosa bis weinroten Kronblätter der Blüte sind am Grund deutlich heller und von lilafarbenen Einsprengseln gezeichnet. Die Kapselfrüchte platzen zur Reife auf und geben dichte Büschel von reinweißen Wollfasern frei. Diese ähneln Florettseide, wodurch sich der Name des Baumes erklärt.

Verbreitung: Der Florettseidenbaum wird in vielen subtropischen Ländern als Parkbaum kultiviert. In Funchal können gleich mehrere Exemplare bewundert werden, u. a. im Jardim Municipal, im Parque de Santa Catarina und dem Garten der Quinta Magnólia.

Australischer Flammenbaum *(Brachychiton acerifolium)* 25

Familie: *Malvengewächse (Malvaceae)*
Portugiesischer Name: *árvore-do-fogo*
Blütezeit: *April – August*
Heimat: *Australien (Ostküste)*

Nicht nur das tropische Afrika kann mit einem Flammenbaum *(Delonix regia)* aufwarten, auch in Australien ist eine spektakuläre Art beheimatet. Auf Madeira kann man den Australischen Flammenbaum das ganze Frühjahr bis in den Sommer hinein blühen sehen – während dieser Zeit ist der Baum blattlos, wodurch die Leuchtkraft der roten Blüten noch verstärkt wird.

Merkmale: Der laubabwerfende Baum wird in seiner Heimat bis zu 30 m hoch, auf Madeira erreicht er eine Wuchshöhe von 6–10 m. Die kurzgestielten Glockenblüten leuchten feuerrot und hängen in großer Zahl von den Ästen herab. Der Artbeiname weist auf die dem Ahornbaum gleichenden Blätter hin.

Verbreitung: In Funchal wird der Flammenbaum mancherorts als Straßenbaum und in öffentlichen Grünanlagen gepflanzt. Solitäre sieht man u. a. auch in Ponta do Sol, Canhas und an der Ortseinfahrt von Garajau.

Ähnliche Arten: Nicht mit dem Australischen Flammenbaum verwandt ist der auch Feuerakazie genannte Flammenbaum *(Delonix regia)* **25a** aus Madagaskar. Mit seinen bis zu 50 cm langen Samenhülsen gibt er sich als ein Vertreter der Johannisbrotbaumgewächse zu erkennen. Seine schirmartige Krone macht ihn zu einem beliebten Schattenbaum. Mit den oft waagerecht stehenden Ästen kann diese einen Durchmesser von bis zu 20 m haben. Ausgewachsene Bäume bringen es auf eine Höhe von bis zu 15 m. Die Blüten bestehen aus fünf roten Kronblättern, das größte davon hebt sich durch eine weißgelbe Zeichnung ab. Ein schönes Exemplar des Flammenbaums steht z. B. in Funchal im Jardim do Hospício Princesa Amélia in der Avenida do Infante (Blüte Juni – August).

24

24

24

25

25

25a

Jacaranda *(Jacaranda mimosifolia)* 26

Familie: *Trompetenbaumgewächse (Bignoniaceae)*
Portugiesischer Name: *jacarandá*
Blütezeit: *April – Mai*
Heimat: *Südamerika (Argentinien, Bolivien, Brasilien)*

Es gibt Städte, die zur Blütezeit des Baumes einem Meer aus blauvioletten Blüten gleichen. Die südafrikanische Metropole Pretoria gehört beispielsweise dazu, und dies obwohl die Jacaranda ihre Wurzeln nicht in Afrika, sondern in Südamerika hat. Auch Funchal ist eine »Jacaranda-Stadt« – im Frühjahr leuchten ganze Straßenzüge in einem opulenten Violett. Im Deutschen wird der Baum auch Palisanderholzbaum genannt, er ist jedoch nicht mit dem »echten« Palisander *(Dalbergia* sp.*)* verwandt.
Merkmale: Der laubabwerfende Baum wird 15–20 m hoch. Seine bis zu 40 cm langen Blätter sind gestielt und zweifach gefiedert, der Artbeiname weist auf die Ähnlichkeit zum Blatt der Mimose hin. Die trompetenartigen violetten Blüten hängen in großen Rispen von dünnen Zweigen herab. Nach der Blüte bilden sich verholzende Kapselfrüchte mit einem Durchmesser von etwa 5 cm.
Verbreitung: Die Jacaranda schmückt zur Blüte nicht nur das Stadtbild von Funchal, sie steht u. a. auch auf dem Mercado Velho (Marktplatz) von Machico und anderen Plätzen auf der Insel.

Leberwurstbaum *(Kigelia africana* syn. *K. pinnata)* 27

Familie: *Trompetenbaumgewächse (Bignoniaceae)*
Portugiesischer Name: *árvore das salsichas*
Blütezeit: *November – Januar*
Heimat: *Westafrika*

Allein schon der Name macht neugierig. So ist für viele Besucher des kleinen Stadtparks von Funchal ein Blick auf die dortigen Leberwurstbäume ein Muss. Leberwurst ist typisch deutsch, im Portugiesischen und Englischen heißt der Baum einfach nur Wurstbaum.
Merkmale: Der Laubbaum wird 10–12 m hoch, in Ausnahmefälle bis zu 25 m. Die Früchte (»Leberwürste«) hängen an langen Stielen von den Zweigen herab. Sie haben eine raue Oberfläche, können mehr als 50 cm lang werden und bis zu 10 kg auf die Waage bringen. Im tropischen Afrika ist die stärkereiche Frucht ein begehrtes Nahrungsmittel von Elefanten, Pavianen und Stachelschweinen. Eine Blüte hat der Leberwurstbaum natürlich auch, sie ist dunkelrot und entsprechend der Familienzugehörigkeit trompetenförmig.
Verbreitung: Zwei größere Exemplare stehen in Funchal im Jardim Municipal an der Avenida Arriaga (S. 12).

Afrikanischer Tulpenbaum *(Spathodea campanulata)* 28

Familie: *Trompetenbaumgewächse (Bignoniaceae)*
Portugiesischer Name: *espatódea, chama-da-floresta*
Blütezeit: *ganzjährig*
Heimat: *tropisches Afrika (Ghana, Sudan, Uganda u. a.)*

Mit seiner ganzjährigen Blütenpracht ist der Afrikanische Tulpenbaum in den warmen Klimazonen ein geschätztes Ziergehölz. Vögel besuchen den Schattenspender gerne zum Trinken – sie picken die mit Wasser gefüllten Knospen auf.

26

26

27

28

28

Merkmale: Der immergrüne Baum erreicht auf Madeira eine Wuchshöhe von 5–12 m, in seiner Heimat wird er bis zu 30 m hoch. Ältere Exemplare bilden Brettwurzeln aus, die den Baum standfester machen. Die scharlachroten Glockenblüten werden von einem goldgelben Ziersaum eingefasst.

Verbreitung: In den Städten an der Süd- und Ostküste wird der Afrikanische Tulpenbaum vielfach als Straßenbaum kultiviert. In Funchal stehen z. B. mehrere Exemplare vor dem Eingang des Mercado dos Lavradores, auch sieht man den Zierbaum in vielen Gärten (u. a. Palheiro Gardens) und öffentlichen Parks.

Kampferbaum *(Cinnamomum camphora)* 29

Familie: *Lorbeergewächse (Lauraceae)*
Portugiesischer Name: *canforeira*
Blütezeit: *Februar – April*
Heimat: *Ostasien (China, Taiwan, Japan u. a.)*

Der Kampferbaum ist ein entfernter Verwandter der auf Madeira heimischen Lorbeerbäume, doch seine Heimat ist im Fernen Osten zu suchen. Der Gattungsname *Cinnamomum* weist darauf hin, dass es sich um einen Zimtbaum handelt. Er wird überall in den Tropen als Schattenbaum und nicht zuletzt auch wegen seines guten Holzes kultiviert, aus dem u. a. das medizinisch genutzte Kampferöl destilliert wird.

Merkmale: Kampferbäume werden auf Madeira über 20 m hoch (in den Heimatländern bis zu 30 m) und bilden dicke Stämme aus. Charakteristisch sind die von drei gebogenen Nervenpaaren gezeichneten Laubblätter. Der rispige Blütenstand hat angenehm duftende, blassgelbe Blüten.

Verbreitung: In Madeiras Gärten stehen etliche große Kampferbäume, einer der ältesten und mit 23 m der höchste ist jener in Palheiro Gardens (siehe Bild); auch im Jardim Municipal, der Quinta Magnólia und der Quinta Vigia gibt es ansehnliche Exemplare.

Queensland-Strahlenaralie *(Schefflera actinophylla)* 30

Familie: *Araliengewächse (Araliaceae)*
Portugiesischer Name: *brassaia*
Blütezeit: *August – November*
Heimat: *Australien (Queensland), Neuguinea*

Regenschirmbaum wird das tropische Ziergewächs zuweilen genannt; tatsächlich versprechen die schirmartig angeordneten Blätter einen gewissen Schutz vor Niederschlägen. Der Gattungsname *Schefflera* wurde von den deutschen Naturforschern Johann Reinhold Forster (1729–1798) und Georg Forster (1754–1794) eingeführt. Vater und Sohn nahmen an James Cooks zweiter Weltumsegelung (1772–1775) teil, auf der auch kurz auf Madeira Station gemacht wurde.

Merkmale: Der immergrüne Baum wird in seiner Heimat bis zu 20 m hoch, auf Madeira 8–10 m. Die schirmartigen Blattrosetten mit bis zu 80 cm langen, schmalen Blättern stehen an den Zweigenden. Typisch sind die strahlig gespreizten Blütenstände, sie sind dicht mit roten Blütenköpfchen besetzt.

Verbreitung: Das durch seine Blattrosetten auch außerhalb der Blütezeit attraktive Ziergewächs ist vornehmlich an Madeiras Südküste zu finden, wo es in Lagen von bis zu 400 m in Parks und Gärten steht. Ein schönes Exemplar kann man im Jardim Municipal in Funchal bewundern.

29

29

30

30

30

Tulpenbaum *(Liriodendron tulipifera)* 31

Familie: *Magnoliengewächse (Magnoliaceae)*
Portugiesischer Name: *tulipeiro*
Blütezeit: *April – Mai*
Heimat: *Nordamerika (Oststaaten)*

Anders als der häufig auf Madeira zu sehende Afrikanische Tulpenbaum (S. 226) will der aus Nordamerika stammende Tulpenbaum entdeckt werden. Seine Blüte sticht vielleicht nicht ganz so ins Auge wie die des Afrikanischen Tulpenbaums, dafür ähnelt sie umso mehr einer Tulpe. Die beiden Tulpenbäume sind übrigens nicht miteinander verwandt.

Merkmale: Der laubabwerfende Baum wird 30–50 m hoch und zeichnet sich durch eine ausladende Krone aus, die ihn im Sommer auch zu einem beliebten Schattenbaum macht. Die Blätter sind auffällig sechsfach gelappt und im Herbst goldgelb gefärbt. Die tulpenähnlichen Blüten haben eine blassgelbe Farbe mit auffällig orangeroter Zeichnung.

Verbreitung: Der gegen Frost unempfindliche Baum wird sowohl in subtropischen als auch in gemäßigten Klimazonen als Zierbaum kultiviert, u. a. in verschiedenen botanischen Gärten in Deutschland. Auf Madeira gibt es zwei prächtige Exemplare in Palheiro Gardens, einer davon ist 30 m hoch.

Roter Frangipani *(Plumeria rubra)* 32

Familie: *Hundsgiftgewächse (Apocynaceae)*
Portugiesischer Name: *planta-dos-dentes, jasmim-manga, frangipani*
Blütezeit: *Juni – Oktober*
Heimat: *Mittel- und Südamerika (Mexiko, Nicaragua, Venezuela u. a.)*

Das Ziergewächs wird überall in den Tropen und Subtropen geschätzt – die Blüten des Frangipani sind nicht nur wunderschön, sie verströmen zugleich auch einen betörenden Duft. In Indien und Südostasien steht der Frangipani oft vor Tempeln, er wird von daher auch Tempel- oder Pagodenbaum genannt.

Merkmale: Der Baum erreicht eine Wuchshöhe von 6–10 m, auf Madeira wird er selten mehr als 5 m hoch. Seine kurz gestielten Laubblätter sind bis zu 25 cm lang. Die Blütenstände setzen sich oft aus mehr als zehn Einzelblüten zusammen, die angenehm duften. Charakteristisch sind die propellerartig angeordneten Blütenblätter. Ihre Farbe muss entgegen dem Namen des Gewächses nicht rot sein, je nach Form changieren die Kronblätter von weiß und zitronengelb über rosa bis karminrot. Alle Pflanzenteile enthalten einen giftigen Milchsaft.

Verbreitung: Der Frangipani ist in fast allen großen Parks von Madeira vertreten, er ziert auch oft Hotel- und Privatgärten.

Elefantenfuß *(Beaucarnea recurvata* syn. *Nolina recurvata)* 33

Familie: *Spargelgewächse (Asparagaceae)*
Portugiesischer Name: *pata de elefante, nolina*
Blütezeit: *August – Oktober*
Heimat: *Mexiko*

Wie auch der Drachenbaum (S. 40) gehört dieser Zierbaum zu den Spargelgewächsen. Neben dem ungewöhnlich verdickten Stamm hat er mit seiner schopfartigen Krone ein weiteres markantes Erkennungszeichen – im Engli-

31

31

32

33

32

schen wird der Baum u. a. Ponytail Palm (Pferdeschwanzpalme) genannt.
Merkmale: Der Baum wird 8–10 m hoch. Typisch für das überhaupt nicht schlanke Spargelgewächs ist sein verdickter Stamm, der an der Basis bis zu 1 m im Durchmesser erreicht. Über dem Stamm formen etwa 2 cm breite Laubblätter eine rosettenartige Krone. Die kleinen cremeweißen Blüten sitzen in großer Zahl an rispigen Blütenständen.
Verbreitung: Der Elefantenfuß ziert auf Madeira so manche Gärten und öffentlichen Plätze. In Funchal steht er u. a. im Jardim Municipal, im Garten Quinta Magnólia, im Botanischen Garten Funchal und im Hotelgarten von Reid's Palace; ein weiteres schönes Exemplar gibt es auf dem zentralen Platz von Santa Cruz an der Ostküste (siehe Bild).

Schraubenbaum *(Pandanus utilis)* 34

Familie: *Schraubenbaumgewächse (Pandanaceae)*
Portugiesischer Name: *pândano*
Blütezeit: *April – Juni*
Heimat: *Madagaskar, Mauritius, Seychellen*

Vor allem ältere Schraubenbäume lassen sich ganz einfach an den oberirdischen Wurzeln bestimmen, und sofern die Bäume gerade fruchten, was eigentlich das ganze Jahr über der Fall ist, sind auch die fast ananasgroßen Früchte auffällig.
Merkmale: Der immergrüne Baum wird bis zu 6 m hoch, zahlreiche astdicke Stelzwurzeln um den Stammfuß sorgen für Stabilität. Die schwertförmigen Blätter, sie sind an den Rändern mit Dornen besetzt, stehen leicht verdreht angeordnet an den Ästen und geben dem Baum den Namen. Die kugeligen Früchte werden in den Heimatländern gekocht gegessen.
Verbreitung: Auf Madeira sieht man das Ziergehölz u. a. im Garten der Quinta Magnolia in Funchal (siehe Bild).

Cherimoya *(Annona cherimola)* 35

Familie: *Schuppenapfelgewächse (Annonaceae)*
Portugiesischer Name: *anoneira*
Blütezeit: *Mai – Juli*
Heimat: *Südamerika (Peru, Kolumbien u. a.)*

Im Winterhalbjahr fallen auf einem Gang durch die Markthalle von Funchal die kunstvoll aufeinandergestapelten Früchte sofort ins Auge – sie sind auf Madeira fast schon ein Grundnahrungsmittel. Die Frucht ist essreif, wenn die Schale auf Fingerdruck nachgibt. Man schneidet sie in der Mitte durch und löffelt dann das fast wie Pudding schmeckende Fruchtfleisch aus.
Merkmale: Der immergrüne Baum wird auf Madeira 5–7 m hoch. Die ovalen Früchte haben eine schuppenartige Schale. Das Fruchtfleisch ist mit kaffeebohnengroßen, schwarz glänzenden Samen durchsetzt. Diese sind leicht giftig.
Verbreitung: Der Obstbaum kam bereits vor etwa 200 Jahren nach Madeira; die Frucht wird heute vor allem an der Nordküste in der Region um Santana kultiviert. Im benachbarten Faial feiert man zur Haupterntezeit im Februar das Cherimoya-Fest, an dem man auch aus der Frucht hergestellte Liköre, Milchshakes und Eiscreme verkosten kann.
Ähnliche Arten: Eng verwandt mit der Cherimoya ist die Stachelannone *(A. muricata)* **35a** mit ebenfalls essbaren Früchten. Deren Fruchtschale wird von weichen Stacheln überzogen.

34

34

35

35a

35

Abkürzungen und Glossar

Abkürzungen

f. = Form (forma); kommt in der botanischen Systematik nach Art, Unterart und Varietät

sp. = bezeichnet eine nicht näher spezifizierte Art

subsp. = Subspezies (Unterart)

syn. = Synonym

var. = Varietät

x = Namensbestandteil bei einer aus einer Kreuzung entstandenen Art (Hybride)

Glossar

Ähre:
Langer Blütenstand mit zahlreichen Einzelblüten.

ausdauernd:
Pflanzen, die länger als eine Vegetationsperiode leben (zweijährig oder mehrjährig); dazu gehören u. a. Stauden und Sträucher.

Balgfrucht:
Frucht mit ledrig-trockener Fruchtwand (Fruchtgehäuse), die nach der Öffnung ihre Samen freigibt; entsteht aus einem Fruchtblatt.

Cyathien:
Scheinblüten bei Wolfsmilchgewächsen; sie setzen sich aus vier bis fünf Hochblättern, Nektardrüsen, Fruchtknoten und Staubfäden zusammen.

Dolde:
Bezeichnet einen schirmähnlichen Blütenstand, der von zahlreichen Einzelblüten gebildet wird. Zur Familie der Doldenblütler gehören mehrere Tausend Arten, darunter so bekannte wie Fenchel, Holunder und Efeu.

Endemiten:
Pflanzen oder Tiere, die in einem klar abgegrenzten geografischen Gebiet (besonders Inseln) und sonst nirgendwo auf der Welt vorkommen. Auf den Naturraum von Madeira bezogen werden Madeira-Endemiten und makaronesische Endemiten unterschieden. Makaronesische Endemiten sind über Madeira hinaus auch auf den Kanaren, den Azoren und den Kapverden verbreitet.

endständig:
Blätter, Blüten und Knospen, die sich am Ende bzw. an der Spitze von Zweigen befinden.

Epiphyten:
Pflanzen, die auf anderen Pflanzen (meist Bäumen) wachsen, auch Aufsitzerpflanzen genannt. Sie haben so bessere Lichtverhältnisse als z. B. auf dem Waldboden.

Euphorbie:
Pflanze aus der Familie der Wolfsmilchgewächse; enthält einen meist giftigen Milchsaft.

gefiedert:
Ein aus Einzelblättchen zusammengesetztes Blatt; es kann paarig, unpaarig, einfach, doppelt oder dreifach gefiedert sein.

gegenständig:
Blattstellung, bei der sich die Blätter an der Sprossachse (Halm, Stängel, Stamm) gegenüberstehen.

Griffel:
Faden- oder säulenförmiger Teil des Fruchtblatts einer Blüte, durch den die Bestäubung erfolgt.

Halbstrauch:
Ausdauernde Pflanze, die an der Basis verholzt; die Triebe und Zweige der aktuellen Vegetationsperiode sind jedoch nicht verholzt und sterben jedes Jahr ab.

Horste:
Eine Wuchsform von Pflanzen mit in der Regel dicht aneinanderstehenden Trieben. Sie kommt vornehmlich bei Süß- und Sauergräsern vor.

Hybride:
Aus der Kreuzung von verschiedenen Arten entstandene Pflanze (bei Tieren aus verschiedenen Rassen); auch Bastarde genannt. Im Artnamen werden Hybride durch ein dem Buchstaben x ähnliches Kreuzchen kenntlich gemacht.

invasiv:
Siehe unter Neophyten.

krautig:
Eine Pflanze, die nicht verholzt.

Kronblatt:
Blatt der inneren Blütenhülle.

lanzettlich (lanzettförmig):
Wie eine Lanze zugespitzte Blätter, die 3- bis 8-mal so lang wie breit sind.

Leitpflanze:
Charakterisiert einen Lebensraum oder eine Pflanzengesellschaft.

Levada:
Schmaler Wasserkanal von 0,2 bis 1 m Breite und bis zu 1 m Tiefe.

linealisch:
Bezeichnet eine längliche Blattform mit parallelen Blatträndern und meist langer Spitze.

Makaronesien:
Unter dem von dem englischen Botaniker Philip Barker Webb geprägten geobotanischen Begriff werden Madeira, die Kanaren, die Azoren und die Kapverden zusammengefasst (im weitesten Sinne wird auch ein schmaler Küstenstreifen Marokkos mit einbezogen). Die Inselgruppen zeichnen sich durch eine ähnliche Flora aus, die zum Teil sonst nirgendwo auf der Welt vorkommt.

Neophyten:
Ursprünglich gebietsfremde Pflanzen aus einer geografisch weit entfernten anderen Region (Kontinent), die beabsichtigt oder unbeabsichtigt eingeführt (eingeschleppt) wurden. Sie werden auch als eingebürgert bezeichnet. Manche davon gefährden durch ihre hohe Regenerationsfähigkeit und rasante Ausbreitung die biologische Vielfalt der neuen Heimat und verdrängen lokale Arten; diese werden als invasiv bezeichnet, man spricht auch von biologischer Invasion. Invasive Neubürger auf Madeira sind u. a. Amerikanische Agave, Baumartige Aloe, Drüsiger Wasserdost und Girlandenblume, manche davon werden bekämpft.

Blattstellungen: doppelt gefiedert (oben), gegenständig (Mitte) und wechselständig (unten).

Pappelfeigenblätter mit Träufelspitzen.

Papillen:
Durch die Vorwölbung von Zellen auf Pflanzen hervorgerufene warzenähnliche Erhebungen, die mit Wasser gefüllt sein können.

Rhizom:
Unter oder dicht über dem Boden wachsender Spross; wird fälschlicherweise oft als Wurzelstock bezeichnet. Viele Rhizome sind essbar, z. B. die von Ingwer, Galgant und Kurkuma.

Rispe:
Stark verzweigter Blütenstand.

Ruderalfläche:
Durch Erdrutsch oder Felsstürze entstandene natürliche Schuttfläche oder vom Menschen nicht mehr genutzte Fläche (Trümmerhalde, Abbruchgelände); Lebensraum für viele Pflanzen (Ruderalflora).

Schauapparat:
Ein meist besonders prächtiger Blütenstand, der mit Kron-, Kelch- und Staubblättern, eventuell auch mit auffällig gefärbten Hochblättern, eine Blüte optisch attraktiv für Bestäuber (Insekten, Vögel u. a.) macht.

Sori:
Eine Ansammlung von Sporangien (Sporenbehältern), die an der Unterseite von Farnwedeln sitzen. Die Anordnung variiert je nach Art und ist ein wichtiges Merkmal zur Bestimmung von Farnen.

Spatha:
Bezeichnet vornehmlich bei Aronstabgewächsen ein Hochblatt um einen Blütenstand.

Spore:
Winzige Fortpflanzungszelle bei nicht blühenden Pflanzen (Farnen, Moosen).

Sporn:
Hohler Fortsatz an einem Blütenblatt, der meist Nektar enthält.

Sukkulenten:
Pflanzen, die in ihren Organen (Sprossachse, Blatt, Wurzel) Wasser speichern, um längere Trockenperioden überstehen zu können. Zu den bekanntesten Vertretern gehören Kakteen, Agaven und Aloen; auf Madeira weit verbreitete Sukkulenten sind u. a. Dickblatt- und Wolfsmilchgewächse sowie Mittagsblumen.

Träufelspitze:
Viele Tropenpflanze, aber auch der heimische Efeu, haben eine verlängerte Blattspitze, an der Wasser schnell ablaufen kann. Damit wird verhindert, dass das Blatt von Moosen oder Flechten besiedelt wird.

wechselständig:
Blattstellung, bei der die Blätter versetzt an der Sprossachse (Halm, Stängel, Stamm) stehen.

Wirtel:
Bezeichnet die Anordnung von drei oder mehr Blättern, die von einem Knoten (rundliche Verdickung am Stängel) abgehen. Man spricht dann auch von wirtelig oder quirlständig angeordneten Blättern.

zweihäusig (diözisch):
Auf der Pflanze einer Art kommen entweder nur weibliche oder männliche Blüten vor. Bekannte Beispiele sind u. a. Norfolktanne, Ginkgo, Peruanischer Pfefferbaum, Kanarische Weide und Echter Lorbeer.

Literaturverzeichnis

Bachofer, Mark u. Mayer, Joachim: Der Kosmos Baumführer, Stuttgart 2021 (Franckh-Kosmos)

da Costa, António u. Franquinho, Luis de: Madeira – Plantas e Flores, Funchal 2002 (Ribeiro & Filhos)

Goetz, Rolf: Flora der Kanarischen Inseln, München 2017 (Rother Bergverlag)

Goetz, Rolf: Madeira. Die schönsten Levada- und Bergwanderungen, München 2022 (Rother Bergverlag)

Goetz, Rolf: Madeiras Levadaflora – botanische Entdeckungen für Genusswanderer; in Palmengarten 83/2, S. 87–96, Frankfurt 2019 (Zeitschrift für Freunde des Palmengartens)

Jardim, Roberto u. Francisco, David: Blumen der Insel Madeira, Funchal 2010 (Múchia Publicações)

Jardim, Roberto u. Francisco, David: Flora Endémica da Madeira, Funchal 2000 (Múchia Publicações)

Jardim, Roberto u. Francisco, David: Madeira Botanischer Garten Panorama, Funchal 2007 (Livros e Livros)

Lipps, Susanne: Madeira – Was hier alles wächst, Duisburg 2020 (Oliver Breda Verlag)

Luckhurst, Gerald: The Gardens of Madeira, London 2010 (Frances Lincoln Edition)

Muer, Thomas et al.: Die Farn- und Blütenpflanzen Madeiras, Karlsruhe 2020 (Kleinsteuber)

Nóbrega, Manuel de: Ruralidade, Funchal 2013 (Grafimadeira)

Neves, Henrique Costa et al.: Laurissilva da Madeira, Funchal 1996 (Parque natural da Madeira)

Press, J. R. u. Short, M. J.: Flora of Madeira, Exeter 1994, Reprint 2016 (Pelagic Publishing)

Quintal, Raimundo: Levadas e Veredas da Madeira, Funchal 2001 (Secretaria Regional da Educação)

Royal Botanic Gardens Kew: Flora – Wunderwelt der Pflanzen. München 2019 (Dorling Kindersley)

Schäfer, Hanno: Flora of the Azores – A field guide, Weikersheim 2022 (Margraf Publishers)

Schönfelder, Peter u. Ingrid: Die Kosmos Mittelmeerflora, Stuttgart 2018 (Franckh-Kosmos)

Stieglitz, Andreas: Azorenflora – Die Pflanzenwelt der Azoren, Frankfurt 2009 (Books on Demand)

Sziemer, Peter: Eine kurze Naturgeschichte Madeiras, Funchal 2000 (Ribeiro & Filhos)

Uhlemann, Antje: Ethnobotanische Konservation im Kleinen Botanischen Garten Madeiras, unveröffentlichtes Manuskript

Aufgerufene Web-Adressen und Blogs

www4.uma.pt/gbm/checklist/lista_flora.php
azoresbioportal.uac.pt
waldspaziergang.org
forum-madeira.eu
iucnredlist.org
frustratedgardener.com
grupo-de-botanica-da-madeira3.webnode.pt
santanamadeirabiosfera.pt
theplantlist.org

Opulenter Blumenschmuck beim alljährlichen Flower Festival in Funchal.

Register